AutoUni – Schriftenreihe

Band 168

Reihe herausgegeben von

Volkswagen Aktiengesellschaft, Volkswagen Group Academy, Volkswagen Aktiengesellschaft, Wolfsburg, Deutschland

Teresa Tumbrägel

Kontaktlose EMV-Charakterisierung von Ersatzstörquellen

Bewertung leitungsgebundener Störaussendungen von leistungselektronischen Komponenten

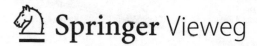 Springer Vieweg

Teresa Tumbrägel
Wolfsburg, Deutschland

Dissertation an der Technischen Universität Braunschweig,
Fakultät für Elektrotechnik, Informationstechnik, Physik

ISSN 1867-3635   ISSN 2512-1154   (electronic)
AutoUni – Schriftenreihe
ISBN 978-3-658-42556-2   ISBN 978-3-658-42557-9   (eBook)
https://doi.org/10.1007/978-3-658-42557-9

Die Deutsche Nationalbibliothek verzeichnet diese Publikation in der Deutschen Nationalbibliografie; detaillierte bibliografische Daten sind im Internet über http://dnb.d-nb.de abrufbar.

Planung/Lektorat: Carina Reibold
Springer Vieweg ist ein Imprint der eingetragenen Gesellschaft Springer Fachmedien Wiesbaden GmbH und ist ein Teil von Springer Nature.
Die Anschrift der Gesellschaft ist: Abraham-Lincoln-Str. 46, 65189 Wiesbaden, Germany

Das Papier dieses Produkts ist recyclebar.

Danksagung

Trotz der Gefahr, dass nur wenige Leser den folgenden Zeilen Beachtung schenken werden, ist es mir besonders wichtig an dieser Stelle meinen Dank all denen auszurichten, die mich dabei unterstützt haben, dass diese Arbeit zu Stande gekommen ist. Die vorliegende Dissertation ist im Rahmen einer Industriepromotion in Zusammenarbeit der Volkswagen AG mit dem Institut für Elektromagnetische Verträglichkeit der Technischen Universität Braunschweig entstanden. Die Unterstützung zahlreicher Personen auf beiden Seiten, sowie den Rückhalt aus meinem privatem Umfeld, haben am Gelingen dieser Arbeit großen Anteil gehabt.

An erster Stelle möchte ich mich bei Herrn Prof. Dr. Achim Enders für das mir entgegengebrachte Vertrauen sowie für die wertschätzende und freundliche Betreuung bedanken. Des Weiteren möchte ich mich bei den Mitarbeitern des Instituts für Elektromagnetische Verträglichkeit für ein freundschaftliches Arbeitsklima, während der Anfertigung dieser Arbeit und in meiner Zeit als wissenschaftliche Hilfskraft in den Jahren zuvor, bedanken.

Für das Ermöglichen der engen Zusammenarbeit zwischen derUniversität und derVolkswagen AG, sowie den damit verknüpften Chancen meine Zukunft zu gestalten, möchte ich mich bei meinem Betreuer Herrn Dr. Frank Loock bedanken. Er hat mir mit seinen guten Kenntnis in den Konzernstrukturen und seiner lösungsorientierten Herangehensweise geholfen hat das ein oder andere steinige Hindernis zu überwinden.

Des Weiteren möchte ich meinen Dank Herrn Dr. Sören Weßling aussprechen, der mit seinem fachlichen Interesse, seiner Diskussionsbereitschaft und kritischen Nachfragen viele Denkanstöße gegeben hat.

Besonderer Dank gilt Herrn Dr. Hanno Rabe der mich durch die von ihm entgegenbrachten Ermutigung und Förderung unterstützt hat. Damit habe ich einen

V

Raum gefunden in dem ich mich auf Ehrlichkeit verlassen und durch das mir entgegengebrachteVertrauenwachsen konnte. Speziell in aussichtslos erscheinenden Momenten habe ich diese nicht selbstverständliche Unterstützung zu schätzen gewusst.

Vielen Dank auch an alle Korrekturleser und moralischen Unterstützer aus meinem Freundesund Familienkreis, die mir dabei geholfen haben den Sinn meiner verworrenen Sätze zu entschlüsseln und mich davon abgehalten haben mich in den Tiefen der Theorie zu verlieren.

Bei meinen Eltern Resi und Franz möchte ich mich für ihre große Liebe und Geduld bedanken. Seit meiner Kindheit wurde ich von ihnen in all meinen Vorhaben nach besten Kräften unterstützt und bestärkt. Damit haben sie mich zum stetigen Lernen inspiriert und mich motiviert immer wieder über mich hinauszuwachsen. Die Entfaltungsmöglichkeiten die mir dadurch geboten wurden weiß ich sehr zu schätzen.

Kurzzusammenfassung

Die Elektromagnetische Verträglichkeit (EMV) von Fahrzeugkomponenten ist ein wichtiger Bestandteil des Fahrzeugentwicklungsprozesses. Ein Fahrzeug muss am Ende des Entwicklungsprozesses gesetzliche Anforderungen an die EMV erfüllen. Außerdem ist die EMV essentiell, um die funktionalen Anforderungen zu gewährleisten. Stand der Technik ist die Sicherstellung der EMV durch entwicklungsbegleitende Normprüfungen nach CISPR 25, in einer genormten Prüfumgebung. Bei der Integration in das Zielsystem Gesamtfahrzeug verändert sich das Störaussendungsverhalten von Komponenten auf Grund der geänderten Randbedingungen. Dies kann zu unzulässigen gegenseitigen Beeinflussungen mit anderen Fahrzeugkomponenten führen. Unzulässigkeiten bezüglich der EMV können daher noch spät im Entwicklungsprozess auftreten. Änderungen am Prüfling (DUT) sind in diesem Entwicklungsstadium zeit- und kostenaufwendiger als in früheren Entwicklungsstadien.

Durch die Elektrifizierung des Antriebsstranges verändert sich das elektrische Netzwerk im Fahrzeug. Die Zahl der elektrischen Fahrzeugkomponenten steigt. Damit vervielfältigt sich der Gesamtaufwand zur Einhaltung der EMV. Zusätzlich erhöht sich die Komplexität des Gesamtsystems durch hohe Leistungsdichten, mit denen die verwendeten Komponenten arbeiten. Damit steigt auch die Zahl der potentiellen EMV-Störquellen und -senken im Fahrzeug. Um den Aufwand für die EMV effizienter zu gestalten, muss der Entwicklungsprozess optimiert werden. Verschiedene Ansätze aus der Wissenschaft liefern Verfahren, mit denen der Entwicklungsprozess unterstützt werden soll. Das in dieser Arbeit vorgestellte Verfahren baut auf den vorhandenen Erkenntnissen auf und vereint deren Vorteile in einem Verfahren zur kontaktlosen Charakterisierung von leitungsgebundenen Störaussendungen.

Eine Möglichkeit, mit der das EMV-Verhalten einer Komponente, vor der Integration in das Gesamtfahrzeug, bewertet werden kann, ist die Bestimmung einer Ersatzstörquelle (ESQ). Eine ESQ kann in die Simulation eines größeren Gesamtsystems, deren Teil die Komponente ist, eingefügt werden, womit der Einfluss verschiedener Randbedingungen einer Analyse zugänglich gemacht wird. Ein bestehender Forschungsansatz ist die vollständige Simulation einer ESQ. Dieser Ansatz birgt den Nachteil, dass nicht ideales Verhalten der Komponenten und der Subkomponenten häufig unzureichend abgebildet wird. Ein weiterer Ansatz ist die Messung der, für die Bestimmung eines Ersatzstörquellenmodells erforderlichen, charakteristischen Eigenschaften einer Komponente. An diesem Ansatz ist von Nachteil, dassein Messabgriff in das untersuchte System eingebracht werden muss. Dadurch entsteht eine Rückwirkung der Messung auf das untersuchte System und die Messergebnisse.

In dieser Arbeit wird ein kontaktloses Messverfahren zur Charakterisierung von leitungsgebundenen Störaussendungen vorgestellt. Dieses bietet eine Lösung zur Ableitung einer ESQ, mit der sowohl die parasitären Eigenschaften berücksichtigt werden, als auch eine geringe Rückwirkung der Messung auf das Messsystem realisiert werden kann. Um die parasitären igenschaften zu bestimmen, werden die Wellengrößen an den Anschlüssen der Komponente über einen kontaktlosen Messabgriff bestimmt. Durch die kontaktlose Messung muss nicht in das gemessene System eingegriffen werden, um einen Messabgriff zu realisieren. Die vorhandene Rückwirkung auf die Messwerte wird durch eine vorherige Kalibrierung des Messaufbaus berücksichtigt. Mit dem Messverfahren wird gezeigt, dass eine Bestimmung passiver und aktiver Leitungsabschlüsse möglich ist. Des Weiteren wird gezeigt, dass eine Ersatzstörquelle einer leistungselektronischen Komponente bestimmt und eine Veränderung der leitungsgebundenen Störaussendungen, durch Veränderung des Messaufbaus, mit dieser abgeschätzt werden kann.

Abstract

The electromagnetic compatibility (EMC) of automotive components is an essential part of the automotive development process. A vehicle must fulfill legal EMC requirements. Furthermore it is important that it does not violate functional requirements. State of technology is the validation of EMC through standardized tests according to CISPR 25. These are conducted in a standardized environment. By integrating the component into a vehicle the emission characteristics change due to changed boundary conditions. This can lead to unacceptable incompatibility with other components which occur in late development stages. DUT alterations are more time-consuming and financially challenging in these late development stages.

The electrical network of vehicles changes significantly with the electrification of the powertrain. The number of electrical components within a vehicle rises. Therewith the overall effort that has to be put into EMC related topics rises. Additionally the complexity and power of each component rise which increases the number of potential disturbance sources and victims within a vehicle. The development process must be optimized in order to decrease the effort going into EMC topics. Various scientific approaches aim to facilitate the development process. The approach presented in this dissertation advances these approaches.

One possibility to improve the EMC performance of a component, prior to the integration into a vehicle, is the determination of an equivalent disturbance source. An equivalent disturbance source can be integrated into a simulation environment and the influence of different boundary conditions made accessible to further analysis. An existing approach is the full simulation of an equivalent disturbance source. This approach has the disadvantage that non ideal behavior of components and sub-components is often not fully included in the simulated model. Another approach is the measurement of the characteristic properties of a component. This approach has the disadvantage that the access by the measurement equipment is an alteration of the DUT. This in turn alters the measurement result.

An approach for contactless characterization of conducted emissions is presented in this dissertation. This approach yields a solution with which it is possible to characterize an equivalent disturbance source with parasitic effects and with little influence on the measurement result by the accessing measurement equipment. The wave quantities are determined contactless at the connectors of a component for the determination of the parasiticeffects. Because of the contactless measurement the DUT is not altered by the measurement setup. The existing influence on the tested system is considered by a calibration of the measurement setup. It is shown that the determination of passive and active line terminations is possible with this approach. Furthermore a power electronics component is characterized and it is shown that alterations in the boundary conditions can be determined.

Haftungsauschluss

Ergebnisse, Meinungen und Schlüsse dieser Dissertation sind nicht notwendigerweise die der Volkswagen Aktiengesellschaft.

The results, opinions and conclusions expressed in this thesis are not necessarily those of Volkswagen Aktiengesellschaft.

Formelzeichen

α	dB	Dämpfungskonstante
a_I	dB	Einfügedämpfung (*engl.: insertion loss*)
β		Ausbreitungskonstante
C	F	Kapazität (allgemein)
C'	$\dfrac{\text{F}}{\text{m}}$	Kapazitätsbelag
$[E]$		E-Matrix von *E3* und *E4* zu *E1*
f_{BW}	Hz	Messbandbreite *engl.: bandwidth frequency*
f_{max}	Hz	maximale Frequenz des Messbereichs
f_{min}	Hz	minimale Frequenz des Messbereichs
f_{go}	Hz	obere Grenzfrequenz
f_{gu}	Hz	untere Grenzfrequenz
f_s	Hz	Abtastfrequenz (*engl.: sample frequency*)
G'	$\dfrac{\text{S}}{\text{m}}$	Leitwertbelag
Γ		Reflexionsfaktor
$[I]$		I-Matrix von der Ebene *P1* zu *P2*
I_s	A	Quellstrom
k_B	$\dfrac{\text{J}}{\text{K}}$	Boltzmann-Konstante
L'	$\dfrac{\text{H}}{\text{m}}$	Induktivitätsbelag
λ	m	Wellenlänge
N		Anzahl der Messwerte

P_{noise}	W	Rauschleistung
P_{signal}	W	Signalleistung
R'	$\dfrac{\Omega}{m}$	Widerstandsbelag
U_s	V	Quellspannung
Z_0	Ω	Bezugsimpedanz
Z_s	Ω	Quellimpedanz
Z_{Kal}	Ω	Bezugsimpedanz der Kalibrierung
Z_L	Ω	Lastimpedanz

Inhaltsverzeichnis

Abkürzungsverzeichnis

AN	Netznachbildung (*engl.: artificial network*)
BNetzA	Bundesnetzagentur für Elektrizität, Gas, Telekommunikation, Post und Eisenbahnen
BW	Bandbreite (*engl.: bandwidth*)
CISPR	Internationales Sonderkomitee für Funkstörungen (*fr.: Comité international spécial des perturbations radioélectriques*)
CM	Gleichtakt (*engl.: common mode*)
CMC	Gleichtaktdrossel (*engl.: common mode choke*)
DC	Gleichstrom (*engl.: direct current*)
DFT	diskrete Fourier Transformation
DM	Gegentakt (*engl.: differential mode*)
DMC	Gegentaktdrossel (*engl.: differential mode choke*)
DUT	Prüfling (*engl.: device under test*)
EMV	Elektromagnetische Verträglichkeit
EMVG	Elektromagnetische-Verträglichkeit-Gesetz
ESB	Ersatzschaltbild
ESQ	Ersatzstörquelle
FFT	schnelle Fourier Transformation (*engl.: fast fourier transform*)
IEC	Internationale Elektrotechnische Kommission (*engl.: International Electrical Commitee*)
IFFT	inverse schnelle Fourier Transformation (*engl.: inverse fast fourier transform*)
ISO	Internationale Organisation für Normung (*engl.: International Organisation for Standardization*)
LISN	Netznachbildung (*engl.: line impedance stabilization network*)
LV	Niedervolt (*engl.: low voltage*)

M	Reflexionsfreier Abschluss (*engl.: match*)
NOP	Anzahl der Messpunkte (*engl.: number of points*)
O	Leerlauf Abschluss (*engl.: open*)
OSM	3-Term-Kaliberierung (*engl.: open short match*)
PCB	Leiterplatte (*engl.: printed circuit board*)
PWM	Pulsweitenmodulation
S	Kurzschluss Abschluss (*engl.: short*)
SNR	Signalrauschverhätnis (*engl.: signal to noise ratio*)
S-Matrix	Streumatrix
S-Parameter	Streuparameter
SPICE	simulation programme with integrated circuit emphasis
T	Transmission (*engl.: through*)
TOSM	5-Term-Kaliberierung (*engl.: through open short match*)
UKW	Ultrakurzwelle
VNA	Vektorieller Netzwerkanalysator

Abbildungsverzeichnis

Tabellenverzeichnis

Einleitung und Forschungsziel

Die EMV (EMV) ist ein wesentlicher Bestandteil der Fahrzeugentwicklung. Mit der Sicherstellung der EMV wird dafür gesorgt, dass Vorgaben des Gesetzgebers und funktionale Anforderungen in Fahrzeugen für einen sicheren und zuverlässigen Einsatz erfüllt werden. Durch die Elektrifizierung des Antriebsstranges erhöht sich der Aufwand, der für die Sicherstellung der EMV betrieben werden muss. Wissenschaft und Technik verfolgen die Fragestellung, wie der Entwicklungsprozess im Hinblick auf die EMV effizienter gestaltet werden kann. Grundlegend dafür ist das genaue Verständnis der charakteristischen Eigenschaften von Komponenten, damit zielgerichtet Maßnahmen eingeleitet werden können.

1.1 Motivation

Die elektromagnetische Umgebung innerhalb von Fahrzeugen wird, durch eine steigende Anzahl an Komponenten, höhere Leistungsdichten und mehr Anforderungen an Konnektivität, komplexer [29]. Für die politisch und gesellschaftlich angestrebten Klimaziele steigt der Anteil an emissionsärmerer Elektromobilität. Durch elektrifizierte Antriebsstränge, steigende Anforderungen an den Fahrgastkomfort und Infotainment steigt die Anzahl der elektrischen Komponenten, die in einem Fahrzeug verbaut werden. Zusätzlich werden immer leistungsstärkere Komponenten mit höheren Störpegeln integriert. Gleichzeitig erhöht sich die Konnektivität und Intelligenz der verbauten Systeme, wodurch die Störanfälligkeit ebenfalls potenziell steigt. Um die Wirtschaftlichkeit und Effizienz von Fahrzeugen zu erhöhen, muss der angestrebte Bauraum möglichst effektiv genutzt und Gewicht beispielsweise durch Leichtbau reduziert werden. Durch geringere Abstände und Abschirmung

© Der/die Autor(en), exklusiv lizenziert an Springer Fachmedien Wiesbaden GmbH, ein Teil von Springer Nature 2023
T. Tumbrägel, *Kontaktlose EMV-Charakterisierung von Ersatzstörquellen*, AutoUni – Schriftenreihe 168, https://doi.org/10.1007/978-3-658-42557-9_1

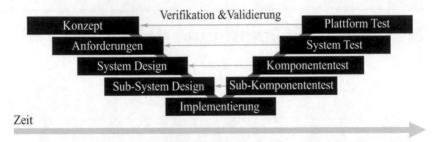

Abbildung 1.1 Ablauf des Entwicklungsprozesses nach dem V-Modell nach [29]

werden Koppelpfade, über die sich elektromagnetische Störungen ausbreiten können, begünstigt, indem die kapazitive und induktive Kopplung erhöht wird.

Um die elektromagnetische Verträglichkeit (EMV) von Fahrzeugkomponenten sicherzustellen, werden sie vor der Integration in das Gesamtfahrzeug getestet. Dabei werden Anforderungen an elektrische Komponenten zu Beginn des Entwicklungsprozesses in der Konzeptphase definiert. Entsprechend dem V-Modell (siehe Abbildung 1.1) wird gegen diese Anforderungen im Systemtest geprüft [29]. Aus diesem Vorgehen ergeben sich zwei Problemstellungen. Für diese Prüfungen werden fertige Prototypen verwendet. Wenn Prüfungen in dieser Phase nicht bestanden werden, werden EMV Maßnahmen teilweise nach dem Trial and Error Prinzip ausgetestet. Dieser Ansatz ist ineffektiv, denn in einer fortgeschrittenen Entwicklungsphase ist die Integration von Designänderungen zeit- und kostenintensiv. Ein weiteres Problem entsteht dadurch, dass die Testumgebung nur eine normierte elektromagnetische Umgebung abbildet und die Zielumgebung Fahrzeug nur bedingt widerspiegelt. Daher schließt eine bestandene Komponentenuntersuchung nicht aus, dass es zu Problemen im Fahrzeug kommen kann. Dadurch entstehen Änderungsanforderungen in einem noch späteren, dann noch kritischerem Entwicklungsstadium.

Um den Entwicklungsprozess zu optimieren, ist es wünschenswert, EMV-Fragestellungen möglichst früh in den Entwicklungsprozess zu integrieren. Unterstützung durch Simulation kann beispielsweise bereits in der Designphase verwendet werden, um das EMV-Verhalten zu beurteilen und zu optimieren. Je detaillierter das Modell des simulierten Prüflings (DUT) ist, desto besser bildet die Simulation das reale Verhalten ab. Dafür müssen parasitäre Eigenschaften des DUTs und reales Verhalten der Subkomponenten bekannt sein. Der notwendige Zeitaufwand für die Erstellung eines ausreichend guten Simulationsmodells übersteigt dabei schnell die zeitlichen und personellen Ressourcen, die für die Entwicklung insbesondere von kleineren Komponenten zur Verfügung stehen. Sofern eine dritte Partei in den

Entwicklungsprozess involviert ist, kann diese detaillierte Angaben hierzu vorenthalten, womit diese Eigenschaften gänzlich unbekannt sind. Zusätzlich übersteigen die Kosten für viele Simulationslösungen schnell die zur Verfügung stehenden finanziellen Ressourcen.

1.2 Ziel der Arbeit

Durch die Zunahme von elektrischen Komponenten im Fahrzeug steigt der Gesamtaufwand, der für die Sicherstellung der EMV betrieben werden muss. Daher wird der Drang danach, die EMV im Entwicklungsprozess effizienter zu gestalten, größer. Um EMV Maßnahmen technisch optimal umzusetzen, müssen die für das Störverhalten relevanten Eigenschaften frühzeitig bekannt sein.

Eine Möglichkeit zur Bestimmung der charakteristischen Eigenschaften einer Komponente, die im Rahmen dieser Arbeit näher betrachtet wird, ist die Charakterisierung eines DUT als Black Box. Dies stellt die Charakterisierung an den Anschlüssen ohne nähere Kenntnisse über den Aufbau des DUT dar. Mit diesem Ansatz kann die akkurate messtechnische Störgrößenbestimmung in die Flexibilität von Simulations-Entwicklungsansätzen einfließen. Durch die Charakterisierung an den Anschlüssen wird eine Darstellung des DUT als Ersatzstörquelle (ESQ) gewonnen. Anhand dieser kann in einer Simulationsumgebung das DUT optimiert werden. Zusätzlich wird eine Untersuchung der Wechselwirkung mit weiteren, mit den Anschlüssen verbundenen Netzwerken, ermöglicht. Genauer wird das DUT, für das hier vorgestellte Verfahren, als Thévenin-Quelle, also als Ersatzspannungsquelle, dargestellt. Mit Spannung und Impedanz als charakteristischen DUT-Eigenschaften kann eine Thévenin-Quelle als Ersatzschaltbild (ESB) einer Quelle erzeugt werden [19, S. 28]. Eine besondere Herausforderung bei der Charakterisierung von Fahrzeugkomponenten ist, dass für den Betrieb einer Fahrzeugkomponente eine externe Spannungsversorgung benötigt wird. Ein Messsystem muss die Eigenschaften des DUTs von denen des restlichen Messaufbaus und damit auch der Spannungsversorgung trennen können.

Um die Rückwirkung auf die Messergebnisse möglichst gering zu halten, wird in dieser Arbeit ein Verfahren zur kontaktlosen Bestimmung der charakteristischen DUT-Eigenschaften entwickelt. Eine kontaktlose Messung ist besonders rückwirkungsarm, da für den Messabgriff keine Veränderungen am Messaufbau vorgenommen werden müssen. Die vorhandenen Rückwirkungen werden, durch Kalibrierung des Messaufbaus, mathematisch in der Datenauswertung berücksichtigt. Um das Störverhalten an den Anschlussklemmen eines DUTs zu bestimmen, werden die Wellengrößen auf der Leitung bestimmt. Um die hin- und rücklaufende Welle zu

unterscheiden, erfolgt der Messabgriff über einen Richtkoppler. Dieser koppelt an
zwei Messstellen der Leitung einen Teil der Leistung aus. Mit der Messung können
die hin- und rücklaufenden Wellen ausreichend separiert werden.

1.3   Aufbau der Arbeit

Für das Verständnis der Motivation, die hinter der Entwicklung des Verfahrens
zur Charakterisierung leitungsgebundener Störaussendungen steht, wird dieses
zunächst in den aktuellen Stand der Wissenschaft und Technik eingeordnet. Als
erstes werden die theoretischen Grundlagen, die der Einordnung der Herausforderungen bei der Black Box Charakterisierung von Komponenten im Automobilbe-
reich dienen sollen, in Kapitel 2 vorgestellt. Ausgegangen wird vom Stand der Technik der EMV im Automobilkontext, anhand der die Notwendigkeit dieser Arbeit
und die Anforderungen an das Messsystem gezeigt werden. Weiter wird der Stand
der Wissenschaft und die Forschungslücken, die diese Arbeit schließt, erläutert. Es
werden die bestehenden Ansätze zur Erzeugung eines ESQ-Modells dargelegt. Das
Messverfahren basiert auf der Bestimmung einer ESQ-Darstellung durch die Inter-
pretation der Ausbreitung von Wellen in dem Netzwerk des DUT. Daher werden die
elektrotechnischen Grundlagen der Wellenausbreitung in elektrischen Netzwerken
erläutert. Diese sind für das Verständnis der Funktionsweise des Messverfahrens
grundlegend.

Nachdem die für das Verfahren grundlegenden Zusammenhänge eingeführt sind,
wird in Kapitel 3 auf das Verfahren zur kontaktlosen Charakterisierung von ESQs
für die Bewertung leitungsgebundener Störaussendungen von Komponenten eingegangen. Zunächst werden die einzelnen Berechnungsschritte erläutert. Daraufhin
wird auf die einzelnen Bestandteile des Messaufbaus eingegangen. Die Bedeutung
und Verarbeitung der Messwerte wird theoretisch hergeleitet, anschließend werden die Faktoren der realen Messumgebung, die einen Einfluss auf die Qualität der
Messergebnisse haben, angegeben. Ziel ist es, die praktischen Grenzen der Verfahrensschritte zu bestimmen und für den hier verwendeten Messaufbau zu überprüfen.
Die Ergebnisse sind notwendig, um Eigenschaften des Verfahrens von den Eigenschaften des DUTs zu trennen.

In Kapitel 4 werden die Ergebnisse der einzelnen Verfahrensschritte dargestellt
sowie gegen die Erwartungen aus Kapitel 3 geprüft. Zunächst wird das Verfahren anhand eines idealen Referenzmessaufbaus demonstriert. Anhand des idealen Messaufbaus kann gezeigt werden, welche Genauigkeit mit dem Messverfahren im Idealfall erreicht werden kann. Diese Grundlage ist notwendig, um den
Einfluss von Veränderungen am Messaufbau zu isolieren. Daraufhin wird ein, an

Normprüfungen entsprechend CISPR 25, angepasster Messaufbau eingeführt. Damit wird der Einfluss, der durch das Einbringen von Netznachbildungen (LISN) in die Signalleitung entsteht, untersucht. Dafür wird weiterhin eine Störquelle mit bekannten charakteristischen DUT-Eigenschaften verwendet. In einer weiter angepassten Messumgebung wird daraufhin eine leistungselektronische Fahrzeugkomponente eingefügt und deren ESQ bestimmt. Die Ergebnisse werden mit einer Messung, die alle Bestandteile einer Normprüfung beinhaltet, verglichen.

Eine Diskussion und Einordnung der Erkenntnisse folgt in Kapitel 5. Es werden weitere Forschungsschritte, mit denen das Verfahren ausgebaut und optimiert werden kann, aufgezeigt. Darauf folgt eine abschließende Betrachtung und Potentialanalyse für weitere Forschungs- und Entwicklungsarbeiten.

Zusammengefasst werden die Erkenntnisse, die aus dieser Arbeit gewonnen werden können, in Kapitel 6. Die Ergebnisse werden gegeneinander verglichen, bewertet und im Hinblick auf die Vorüberlegungen sowie den Stand der Technik und Wissenschaft eingeordnet.

Grundlagen und Stand der Wissenschaft 2

Dieses Kapitel erläutert die Motivation und die Grundlagen des Messverfahrens, das in den nachfolgenden Kapiteln genauer beschrieben und untersucht wird.

Ziel des Messverfahrens ist die Bewertung leitungsgebundener Störaussendungen mit einem Fokus auf Fahrzeugkomponenten. Um die Anforderungen an das Messsystem einzuordnen, werden zunächst die gesetzlichen und herstellerspezifischen Vorgaben, die an leitungsgebundene Störaussendungen in Fahrzeugen gestellt werden, in Abschnitt 2.1 beschrieben.

Daraufhin wird in Abschnitt 2.2 auf die Darstellung von elektrischen Komponenten als (ESQ) eingegangen. Aufbauend darauf wird erläutert, welche Ansätze zur ESQ-Darstellung bereits in Theorie und Praxis existieren und welche Vor- und Nachteile die jeweiligen Ansätze aufweisen. Dadurch wird das Forschungsziel dieser Arbeit definiert.

Um die Anforderungen weiter zu spezifizieren, wird in Abschnitt 2.3 auf die Eigenschaften der Störcharakteristik von leistungselektronischen Komponenten eingegangen. Dies dient dazu, das Messsystem im Kontext der Anforderungen des Entwicklungsprozesses zu beurteilen.

2.1 Bewertung leitungsgebundener Störaussendungen im Kraftfahrzeug

Mit dem in dieser Arbeit vorgestellten Messverfahren soll der Entwicklungsprozess von Fahrzeugkomponenten im Hinblick auf leitungsgebundene Störaussendungen unterstützt werden. Im Vergleich mit dem Vorgehen bei den etablierten Entwicklungsprozessen, muss das Verfahren sowohl hinsichtlich bestehender

T. Tumbrägel, *Kontaktlose EMV-Charakterisierung von Ersatzstörquellen*, AutoUni – Schriftenreihe 168, https://doi.org/10.1007/978-3-658-42557-9_2

Regelungen bewertet werden als auch deutliche Vorteile aufweisen. Zunächst werden in Abschnitt 2.1.1 bestehende Regelungen und Normen eingeführt. Aufbauend darauf werden in Abschnitt 2.1.2 die in Normen definierten Komponententests, welche für die entwicklungsbegleitende und abschließende Bewertung herangezogen werden, erläutert. Abschließend wird in Abschnitt 2.1.3 auf deren Störcharakteristik eingegangenen.

2.1.1 EMV im Fahrzeugentwicklungsprozess

Damit der Fahrzeugentwicklungsprozess möglichst reibungslos abläuft, gibt es einen übergeordneten Prozess, der nach dem V-Modell arbeitet und den Ablauf der Planung und Entwicklung bestimmt. Dieser ist in Abbildung 1.1 dargestellt. Spezifikationen für ein Fahrzeug werden in der Konzeptphase auf einer möglichst allgemeinen Ebene definiert. In jedem weiteren Schritt werden die Anforderungen an Subkomponenten genauer festgelegt [29]. Dabei werden zunehmend mehr Fahrzeugbestandteile in immer größerer Detailtiefe definiert. Von dem Gesamtsystem zum Subsystem und weiter zu dessen einzelnen Bestandteilen. Im weiteren Verlauf werden diese Anforderungen in umgekehrter Reihenfolge gegen die zuvor festgelegten Anforderungen getestet, vom Subsystem zum Gesamtsystem. Ziel ist es Verhalten, dass den definierten Anforderungen nicht entspricht, möglichst früh im Entwicklungsprozess zu entdecken und Optimierungsmaßnahmen umzusetzen. Je später Maßnahmen eingeleitet werden, desto kosten- und zeitaufwendiger wird es, diese umzusetzen [31, S. 4]. In der Testphase wird von den Anforderungen abweichendes Verhalten der Subkomponenten vor der Integration in das Gesamtfahrzeug entdeckt und deren Funktionalität und Sicherheit sichergestellt. Gut ausgelegte Subsysteme sind die Grundlage dafür, dass auch das Gesamtfahrzeug alle Anforderungen an die Sicherheit und Funktionalität einschließlich der EMV erfüllt. In dem zunächst die EMV der Subkomponenten sichergestellt wird, wird letztendlich die EMV des Gesamtfahrzeuges gewährleistet.

Beeinflussungsmodell Jede elektrische Komponente bringt elektromagnetische Störeinflüsse in ein Fahrzeug ein und ist den Störungen anderer elektrischer Komponenten ausgesetzt. Das bedeutet, dass ein Fahrzeug, beziehungsweise dessen Subkomponenten, keine unzulässigen Störungen in die Umwelt einbringt und selber nicht in seiner Funktion gestört wird [31, S. 2]. Die Maßnahmen, die zu einer Optimierung der EMV beitragen, hängen von den an der Gesamtstörung beteiligten Störanteilen ab. Das EMV-Verhalten einer Komponente kann, wie alle Vorgänge die in der EMV betrachtet werden, mit dem Beeinflussungsmodell beschrieben werden.

Das Beeinflussungsmodell veranschaulicht den Zusammenhang zwischen den, an einer Störung beteiligten, Bestandteilen [9, S. 7 ff.]. Die Bestandteile sind

- Störquelle,
- Störsenke,
- und Koppelpfad.

Eine Störquelle erzeugt eine Störung, die auf einen Koppelpfad gelangt und dieser Koppelpfad endet in einer Störsenke, in die die Störung einkoppelt. Ein DUT, zum Beispiel eine Fahrzeugkomponente, ist dabei gleichzeitig Störquelle und -senke. An jedem dieser Bestandteile des Beeinflussungsmodells können Maßnahmen zur Optimierung der EMV umgesetzt werden. Zunächst ist zu erreichen, dass die von der Störquelle ausgehenden Störungen diese nicht verlassen. Um die Auskopplung zu verhindern, können Störquellen beispielsweise um Schirmgehäuse ergänzt oder es können Filter eingesetzt werden. Die gleichen Maßnahmen können zur Sicherstellung der Störfestigkeit eingesetzt werden um zu verhindern, dass unzulässige Störungen in eine Störsenke einkoppeln. Weiter kann die Ausbreitung der Störung durch das Verschlechtern des Koppelpfades, also eine Dämpfung des Signalpfades, erreicht werden. Dafür muss bekannt sein, wie sich die Störung ausbreitet. Kopplung kann entweder feldgebunden sein, dann tritt sie im Fernfeld als gestrahlte Kopplung auf und im Nahfeld als kapazitive oder induktive Kopplung. Oder sie erfolgt leitungsgebunden. Das Beeinflussungsmodell mit den verschiedenen Kopplungsarten wird in Abbildung 2.1 gezeigt. Die Störaussendung und Störfestigkeit einer Komponente werden in der Projektplanung spezifiziert und darauf aufbauend,

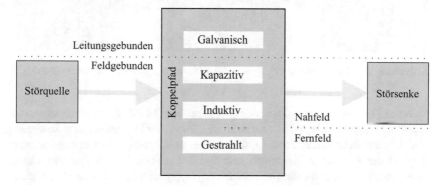

Abbildung 2.1 Unterteilung der Koppelmechanismen nach [9, S. 7 ff.]

entsprechend der Vorüberlegungen des V-Modells, Komponententests durchgeführt. Die Prüfungen sind für die Bestimmung der Störfestigkeit und der Störaussendung und entsprechend der Kopplungswege ausgelegt. Sie sind in internationalen sowie europäischen Normen und Gesetzen definiert und werden durch herstellerspezifische Anforderungen weiter ergänzt.

Gesetzgebung und Normung Die Gesetzgebung ist allgemein im EMV-Gesetz (EMVG) [5] geregelt. Die Bundesnetzagentur (BNetzA) ist mit der Einhaltung dieser betraut [31, S. 458]. Für die Zulassung von Fahrzeugen gelten jedoch gesonderte Vorgaben. Alle Regelungen, die für die Zulassungen von Fahrzeugen in der Europäischen Union gelten, sind in der Verordnung 2018/858 [7] festgehalten. Die Zulassung erfolgt im Rahmen einer Typprüfung. Für die Anforderungen an die Typprüfung für die EMV wird in [7] weiter auf die ECE-R10 [38] verwiesen. In [38] werden die für die Typprüfung erforderlichen Prüfungen aufgeführt und die geltenden Grenzwerte angegeben. Für die genauen Angaben zu Messaufbauten wird in [38] weiter auf internationale Normen des internationalen Sonderkomitees für Funkstörungen (CISPR), der internationalen Organisation für Normung (ISO) und der internationalen elektrotechnischen Kommission (IEC) verwiesen. Das Verhältnis von [7], [38] und den Normungsinstanzen CISPR, ISO und IEC ist in Abbildung 2.2 dargestellt.

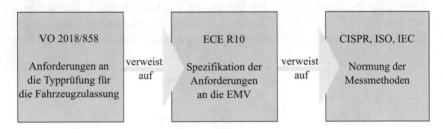

Abbildung 2.2 Verhältnis von [7], [38] und den Normungsinstanzen CISPR, ISO und IEC

Nach [7] sind drei Instanzen an der Typprüfung beteiligt. Der Hersteller, die Genehmigungsbehörde und den technischen Dienst. Der Hersteller muss sicherstellen, dass das während der Produktion entstehende Fahrzeug mit dem genehmigten Typ aus der Typprüfung übereinstimmt [38, S. L 151/6]. Der Technische Dienst führt die Typprüfung für die Gesamtfahrzeug-Typgenehmigungen durch [38, S. L 151/2]. Die Genehmigungsbehörde, in Deutschland das Kraftfahrtbundesamt, stellt sicher, dass die Vorgaben aus [7] eingehalten werden.

Über die Gesamtfahrzeug-Typprüfung hinaus sind in [38] außerdem Prüfungen zur Genehmigung von Komponenten, die in genehmigte Fahrzeuge integriert werden können, geregelt. Für Komponenten, die in dem in er Typprüfung betrachteten Fahrzeug enthalten sind, gelten keine gesonderten gesetzlichen Vorgaben. Damit ein Fahrzeug am Ende des Entwicklungsprozesses die Typprüfung besteht, stellen die Hersteller jedoch Anforderungen an die Komponenten. Entsprechende Prüfungen sind in der CISPR 25 [16] festgelegt, damit diese marktübergreifend vergleichbar durchgeführt werden können. Hersteller ergänzen diese Normprüfungen um weitere Prüfungen und Grenzwertvorgaben, die in internen Hausnormen festgehalten werden.

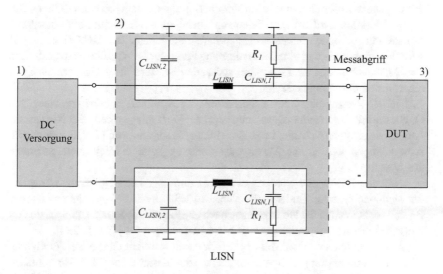

Abbildung 2.3 Aufbau einer CISPR 25 [16] Normmessung mit LISN

Da in dieser Arbeit vorrangig Prüfungen zur leitungsgebundenen Störaussendung von Fahrzeugkomponenten behandelt werden, wird auf diese im Folgenden genauer eingegangen.

2.1.2 Komponententest nach CISPR 25

Die Komponententests zur Störaussendung und Störfestigkeit sind in der CISPR 25 [16] definiert. Dazu gehören die genauen Messaufbauten und Angaben zur Durchführung der Messungen. Zu den Angaben gehören zum Beispiel Leitungslängen, Abstände und Messmitteleinstellungen. Unter anderem ist der Komponententest zu leitungsgebundenen Störaussendungen, kurz AN-Test, in [16, S. 41] definiert. Da das in Kapitel 3 eingeführte Messverfahren eine Ergänzung dazu darstellt, wird diese Prüfung im Folgenden detaillierter beschrieben.

Abbildung 2.3 zeigt eine Skizze des AN-Tests Messaufbaus. AN-Tests werden im Frequenzbereich von 150 kHz bis 108 MHz durchgeführt [16, S. 48]. Die obere Grenze ist am UKW Bereich orientiert. Der Prüfaufbau besteht aus einem DUT, das über Netznachbildungen (engl.: LISN) von einer DC-Quelle versorgt wird. Dieser Aufbau soll die Umgebung in einem Fahrzeug nachbilden. Der AN-Test besteht aus den folgenden Bestandteilen mit den Nummerierungen entsprechend Abbildung 2.3.

Die Messung wird auf einer leitenden Ebene, einem Holztisch mit einer Masseplatte mit reproduzierbarem Massepotential, aufgebaut. Das DUT (Nummer *3*) wird über eine Plus- und eine Minus-Leitung von einer DC-Quelle versorgt. Sofern eine Masseanbindung im Zielsystem vorhanden ist, wird das DUT zusätzlich mit einer Masseanbindung versehen.

Die DC-Versorgung, gekennzeichnet mit der Nummer *1)*, wird von einer DC-Quelle mit entsprechendem Spannungspegel zur Verfügung gestellt. Für Niedervolt-Anwendungen entspricht dies in der Regel einer Versorgung von 12 V. Für Hochvolt-Anwendungen variiert die Versorgungsspannung je nach Zielsystem zwischen 400 V und 800 V.

DUT und DC-Quelle werden mit Kabeln und über LISN, gekennzeichnet mit der Nummer *2)*, miteinander verbunden. Das ESB der LISN und die enthaltenen Bauteile entsprechen der Normvorgabe nach CISPR 16 [15, S. 71]. LISN haben drei Aufgaben, die im Folgenden genauer betrachtet werden [28] [31, S. 280].

Erstens stellen sie einen Messabgriff für einen Messempfänger zur Verfügung. Wenn der Messempfänger angeschlossen ist, stellt dieser einen 50 Ω Abschluss für das System dar, die in der Hochfrequenzmesstechnik als Bezugsimpedanz üblich sind. Allerdings muss das nicht zwingend der Fall sein und die Einstellungen am Messgerät sollten dahingehend überprüft werden. Über die Kapazität

$$C_{LISN,1} = 100 \text{ nF} \tag{2.1}$$

werden die hochfrequenten Störgrößen des DUTs an den Messempfänger abgeleitet und über L_{LISN} wird eine Auskopplung zur DC-Quelle verhindert. Messempfänger müssen vor hohen Betriebsspannungen geschützt werden, da sie durch diese Schaden nehmen können, was mit C_{LISN} gewährleistet wird.

Zweitens entkoppelt die LISN den Messaufbau von Störungen, die gegebenenfalls über die DC-Versorgungsleitungen einkoppeln, über die Kapazität

$$C_{LISN,2} = 1\,\mu\text{F} \qquad (2.2)$$

und

$$L_{LISN} = 5\mu\text{H} \qquad (2.3)$$

auf der Seite der DC-Versorgung. Weiter wird die Ausbreitung der Störgrößen auf den Versuchsaufbau begrenzt. Ansonsten würden diese selber eine Rückwirkung auf das System haben. Ohne diese Vorgaben wäre die Reproduzierbarkeit der Messergebnisse nicht gewährleistet. Zum einen beeinflussen andernfalls die Eigenschaften wie Länge und Material der Zuleitung die Ausbreitungen der Störungen. Zum anderen können Störungen, die im Versorgungsnetz vorhanden sind, das Messergebnis verfälschen.

Drittens stellt die LISN eine normierte Abschlussimpedanz für das DUT dar. Diese ist notwendig, um die Anforderungen, die durch die Prüfungen getestet werden, reproduzierbar in verschiedenen Prüflaboren nachzustellen. Mit LISN wird eine standardisierte Impedanz einer Leitung bereit gestellt. Dadurch ergeben sich, bei Prüfungen in verschiedenen Laboren, keine Einflüsse durch unterschiedliche Leitungsstränge, mit unterschiedlichen Leitungsbelägen und -längen. Bei LV Fahrzeugleitungen wird von einem Leitungsbelag

$$L' = 1\,\frac{\mu\text{H}}{\text{m}} \qquad (2.4)$$

ausgegangen [31, S. 283]. Mit L_{LISN} entspricht die Netznachbildung einer Impedanz einer Leitungslänge mit $l = 5$ m. Der Aufbau der normierten LISN geht auf die Arbeit von Yamamoto [39] aus dem Jahr 1983 zurück. Für die Entwicklung der LISN wurden Eingangsimpedanzen der Bordnetze an insgesamt sechs verschiedenen Fahrzeugen mit Verbrennungsmotor gemessen. Die maximale Anzahl der elektrischen Komponenten, an deren Anschlüssen die Impedanz gemessen wurde, war sieben. Die Untersuchungen wurden in einem Bereich von 5 kHz bis 108 MHz durchgeführt und damit die Werte für die Bestandteile der LISN experimentell bestimmt. Bis heute wird der gleiche Aufbau, allerdings mit veränderten Bauteilwerten, verwendet. In der Arbeit [39] wurde die Impedanz der Leitung mit $L_{LISN} = 1\mu\text{H}$ festgelegt. In moderneren Fahrzeugen sind die Leitungen deutlich länger, weshalb L_{LISN} angepasst wurde.

Von DUT aus in die LISN gesehen, entsprechend Abbildung 2.3, ergibt sich die Impedanz der LISN zu

$$Z_{LISN} = \left(\left(R_1 + \frac{1}{j\omega C_{LISN,1}} \right)^{-1} + \left(Z_L + \frac{1}{j\omega C_{LISN,2}} \right)^{-1} \right)^{-1}. \qquad (2.5)$$

Der frequenzabhängige Verlauf ist in Abbildung 2.4 dargestellt. Im Vergleich dazu ist ein gemessener Wert der LISN-Impedanz Z_{LISN} abgebildet. Hin zu höheren Frequenzen weicht der Erwartungswert immer stärker von dem gemessenen Wert ab. Die Messung wurde mit einem vektoriellen Netzwerkanalysator (VNA) durchgeführt. Dafür wurde die Kalibrierebene zunächst auf das Ende eines Koaxialkabels gelegt. Für den Anschluss des Koaxialkabels an die LISN wurden ein Adapter, zur Trennung von Innen- und Außenleiter auf Laborstecker, verwendet. Dieser Anschluss wurde nicht in der Kalibrierung verwendet und kann zu der Differenz von theoretischen Werten und gemessenen Werten führen. Es muss beachtet werden, dass solche Änderungen am Messaufbau das Messergebnis beeinflussen können und die Reproduzierbarkeit verschlechtern.

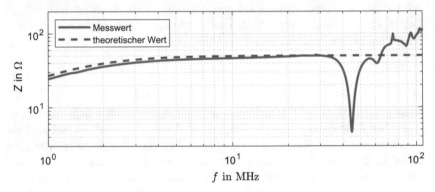

Abbildung 2.4 Verlauf des Impedanzspektrums einer LISN [16] nach theoretischer Berechnung (rot), entsprechend [32], und VNA Messung (blau)

In der Zielumgebung eines Fahrzeugs beeinflusst die kapazitive Kopplung zur Fahrzeugmasse, also zum Bezugspotential, das Störverhalten der Komponente. Dies wird in der Normprüfung durch eine Masseplatte nachgestellt. Der ganze Prüfaufbau, bis auf die Versorgung, ist also auf einer leitenden Ebene aufgebaut. Für die Höhe der Leitung über der leitenden Ebene, die LISN und DUT verbindet, gilt

$$h = 50 \text{ mm} \pm 5 \text{ mm}, \qquad (2.6)$$

um eine reproduzierbare kapazitive Kopplung nachzustellen. Die Leitungslänge zwischen DUT und LISN ist mit

$$l = 300 \text{ mm} \pm 100 \text{ mm} \qquad (2.7)$$

festgelegt [16, S. 41].

Die Bewertung der leitungsgebundenen Störaussendungen anhand der CISPR 25 Normprüfungen ist ein Standardvorgehen. Dadurch wird die Zusammenarbeit von Instanzen, die an einem Entwicklungsprozess beteiligt sind, vereinfacht. Auch für eine entwicklungsbegleitende EMV-Bewertung wird die Normprüfung herangezogen. Allerdings hat dieses Vorgehen auch Nachteile. Prüfungen entsprechend CISPR 25 können erst an DUTs vorgenommen werden, die bereits in der Prototypenphase, also spät im Entwicklungszeitraum, sind. Veränderungen am DUT werden zeitlich und finanziell aufwendiger, je später sie im Entwicklungsprozess umgesetzt werden [31, S. 6]. Veränderungen werden bei dieser Herangehensweise zum Teil nach dem Trial and Error Prinzip durchgeführt, also durch aufwendiges manuelles Verändern des DUT und erneute Messungen. Das bedeutet einen zusätzlichen Zeitaufwand mit häufig fragwürdigen Aussichten auf Erfolg.

Des Weiteren können Probleme bei der Integration in die Zielumgebung eines Fahrzeuges auftreten. Die tatsächliche Zielumgebung im Fahrzeug weicht von der CISPR 25 Prüfumgebung ab. Unter anderem kann der Bezug zur Fahrzeugmasse, durch veränderte Abstände zu der Bezugsmasse im Komponententest, von der Normprüfung abweichen. Ein weiterer Einflussfaktor ist die Anschlussleitung, die eine das Störverhalten beeinflussende Lastimpedanz für den DUT darstellt. Bei heutigen Fahrzeugen bedeutet das einen hohen Grad an Verästelungen und eine quasi-stochastische Netzwerktopologie [28, S. 28].

Aufgrund der Elektrifizierung des Antriebsstranges verändert sich der Stellenwert, den die EMV im Entwicklungsprozess einnimmt [29]. Durch eine steigende Anzahl an elektrischen Komponenten erhöht sich das finanzielle Risiko eines nicht optimalen EMV-Entwicklungsprozesses, da mehr Komponenten des Gesamtsystems betroffen sind. Durch eine höhere Anzahl an Komponenten verringert sich auch deren Abstand, zusätzlich kann aufgrund von schlecht leitenden Leichtbaumaterialien zugunsten höherer Reichweiten auch eine Abschirmwirkung geringer ausfallen [29]. Das begünstigt die Koppelpfade für elektromagnetische Störungen. Zusätzlich gibt es ein erhöhtes Störpotential durch größere Leistungen. Mit erhöhten Anforderungen an die Konnektivität wird es zudem schwieriger, die Störfestigkeit zu gewährleisten, da mehr Frequenzbereiche als zuvor von Störungen betroffen sind. Zudem steigt die Anzahl der Funktionen, wie zum Beispiel Infotainment Systeme, die dem Fahrgastkomfort dienen, sodass ein Funktionsfehler schneller bemerkt wird.

Weitaus kritischer sind allerdings, insbesondere im Hinblick auf den Trend zum autonomen Fahrzeug, Fahrerassistenzsysteme.

Um die entwicklungsbegleitende EMV-Bewertung zu optimieren, müssen die einzelnen Teile des Beeinflussungsmodells verstanden werden. Daher soll zunächst auf die charakteristischen Eigenschaften der leitungsgebundenen Störaussendungen von Automobilkomponenten eingegangen werden, bevor Lösungsansätze aus Technik und Wissenschaft zur frühzeitigen EMV-Bewertung analysiert werden.

2.1.3 Eigenschaften leitungsgebundener Störaussendungen

Leitungsgebundene Störaussendungen können in die zwei Kategorien Gleich- und Gegentaktstörungen unterteilt werden.

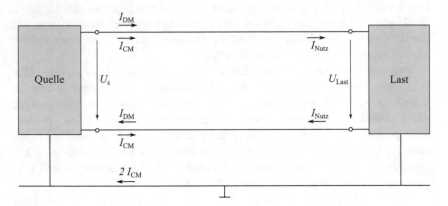

Abbildung 2.5 Ausbreitung von Gleichtaktstörströmen I_{CM} und Gegentaktstörströmen I_{DM} in einem elektrischen Netzwerk

Gleichtaktstörungen sind auf beiden zur Quelle führenden Leitungen gleich orientiert, wie in Abbildung 2.5 dargestellt. Gleichtaktstörströme I_{CM} werden durch kapazitive Kopplung oder eine Potentialdifferenz zur Bezugsmasse verursacht. Bei Gleichtaktstörungen sind die Störgrößen auf beiden Leitungen gleich groß und werden über die Bezugsmasse abgeführt. Auf diese wirkt ein Störstrom von $2\,I_{CM}$, der wieder zur Quelle zurückführt. Dadurch ist der Stromkreis geschlossen. Bei einer unsymmetrischen Belastung des Stromkreises, zum Beispiel mit unterschiedlichen Impedanzen, kommt es zu ungleich großen Spannungen auf den Leitungen. Dadurch wird ein Teil der Gleichtaktstörung nicht über die Masse, sondern über die

Leitung zurück zur Quelle geführt. Der Vorgang wird Gleichtakt-Gegentakt-Konversion genannt [31, S. 34]. Der Gleichtaktstörstrom wird so zu einem Gegentaktstörstrom.

Bei Gegentaktstörungen ist der Störstrom I_{DM} auf Hin- und Rückleiter gleichsinnig zum Nutzstrom I_{Nutz} orientiert. Das heißt entgegengesetzt der zur Quelle führenden Leitungen [31, S. 34], dargestellt in Abbildung 2.5. Gegentaktstörungen haben in der Praxis meist eine der drei Ursachen

- Induktive Kopplung zwischen zwei Stromkreisen,
- Galvanische Kopplung,
- Gleichtakt- Gegentakt-Konversion.

Zahlreiche Fahrzeugkomponenten sind Störquellen. Insbesondere leistungselektronischen Komponenten kommt dabei eine Bedeutung zu, da sie essentiell für den elektrischen Antriebsstrang und die Umwandlung von Frequenz und Spannung sind. Leistungselektronikschaltungen realisieren Funktionen zum Beispiel als

- DC/DC Wandler (auch Gleichspannungswandler),
- Wechselrichter,
- Gleichrichter,
- Frequenzumrichter.

Leistungselektronische Komponenten sind insbesondere aufgrund ihres Schaltverhaltens kritisch. Frequenzumrichtung erfolgt mittels Pulsweitenmodulation (PWM) durch elektronische Halbleiter-Schalter.

Bei der Signalwandlung wird die Signalform der Ausgangsgröße durch Schalten der Eingangsgröße gesteuert. Damit werden unterschiedliche Signalformen erzeugt. Für das Schalten werden leistungselektronische Bauelemente verwendet, deren größte Verluste in den Übergangsphasen von leitenden in den nichtleitenden Zustand und umgekehrt auftreten. Daher ist es für einen effizienten Betrieb erstrebenswert die Schaltzeiten möglichst kurz zu halten. Ein schnelles Schaltverhalten hat dabei allerdings einen negativen Einfluss auf die Störaussendungen, die von einer Leistungselektronik ausgehen. Je schneller geschaltet wird desto breiter ist die Bandbreite der Störung im Frequenzbereich. Die Abhängigkeit der Bandbreite der Störung im Frequenzbereich, in Abhängigkeit vom Schaltverhalten, wird in Abbildung 2.7 veranschaulicht. Die Haupteinflussgrößen sind die Flankensteilheit und die Taktfrequenz. In Abbildung 2.6 sind verschiedene PWM Signale abgebildet, die zugehörigen Störspektren in Abbildung 2.7. Der Einfluss der Flankensteilheit

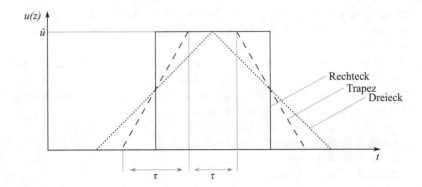

Abbildung 2.6 Variablen eines Signals mit unterschiedlicher Anstiegszeit τ_r und Impulsbreite τ [33, S. 380]. Für die Trapezform sind Anstiegszeit τ_r und Impulsbreite τ beispielhaft eingezeichnet

und der Taktfrequenz ist deutlich erkennbar [33, S. 382]. Der Zusammenhang kann mit der Fourier-Transformierten der Spannung

$$A(f) = 2\hat{a}\tau \, \frac{sin(\pi f\tau)}{\pi f\tau} \, \frac{sin(\pi f\tau_r)}{\pi f\tau_r} \tag{2.8}$$

mit der Amplitude $\hat{a}$ weiter verdeutlicht werden. Die erste Kennfrequenz f_{K1} ist durch die Impulsbreite τ gegeben. Ab dieser fällt das Spektrum mit $\frac{1}{f}$ um

$$\frac{-20 \text{ dB}}{\text{Dekade}} \tag{2.9}$$

ab. Die zweite Kennfrequenz f_{K2} ist durch die Anstiegszeit τ_r gegeben. Ab dieser fällt das Spektrum mit $\frac{1}{f^2}$ um

$$\frac{-40 \text{ dB}}{\text{Dekade}} \tag{2.10}$$

ab. Je kleiner τ_r, desto größer ist f_{K2} und breiter das Störspektrum. Den besten Fall stellt in diesem Zusammenhang die Dreiecksform dar mit $\tau = 0$ und einem maximalen τ_r. Der schlechteste Fall ist die Rechteckform mit einem unendlich steilen Anstieg.

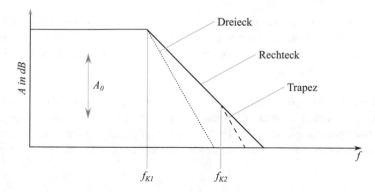

Abbildung 2.7 Einfluss des Schaltverhaltens eines Signals auf das Störspektrum, dargestellt am Beispiel eines Dreieck-, Trapez- und Rechtecksignals [33, S. 382]

Das Störspektrum idealisierter elektronischer Schalter kann damit beschrieben werden. Weitere Störgrößen sind durch das reale Verhalten gegeben, zum Beispiel zeigen elektronische Schalter parasitäres Verhalten in Form von Induktivitäten, Kapazitäten und Widerständen. Dadurch entstehen Schwingkreise, die zusätzliche Störaussendungen verursachen [33, S. 384].

Das Störspektrum kann auf unterschiedliche Weise positiv beeinflusst werden, zum Beispiel durch schaltungstechnische Maßnahmen. Wie aus den vorangegangenen Erläuterungen hervorgeht ist die naheliegendste Maßnahme ein langsameres Schaltverhalten. Allerdings hat dieses den erwähnten Nachteil erhöhter Schaltverluste. Wie in der Darstellung in Abbildung 2.7 zu sehen, beeinflusst auch die geschaltete Amplitude die Störpegel. Damit ein Signal mit der gleichen Amplitude und geringeren Störungen erzeugt wird, können Multilevel-Umrichter verwendet werden [33, S. 382]. Diese schalten in mehreren Stufen, wodurch das Zielsignal schrittweise angenähert wird. Eine weitere Maßnahme ist strom- beziehungsweise spannungsloses Schalten. Dafür wird ein Schwingkreis in Serie oder parallel zu dem elektronischen Schalter angeordnet. Damit wird ein schneller Anstieg von Strom oder Spannung verhindert.

Neben einer Änderung des Schaltverhaltens können Filterschaltungen genutzt werden, um das Störverhalten positiv zu beeinflussen. Filter für die EMV wirken im Idealfall wie ein Tiefpass, Gleichströme und -spannungen werden durchgelassen und hochfrequente Störungen gedämpft. Je nach Störbild werden verschiedene Filtermaßnahmen eingesetzt. Um Störströme zu beeinflussen, muss die Längsimpedanz des Filters passend ausgelegt werden, für Störspannungen die Querimpedanz

[31, S. 158]. Weiter wird die Wahl der Entstörmaßnahme davon beeinflusst, ob Gleich- oder Gegentaktstörungen unterdrückt werden müssen. Für die Filterauslegung stehen kapazitive und induktive Bauelemente zur Verfügung, wie in Abbildung 2.8 dargestellt:

X-Kondensator Kondensatoren werden am häufigsten eingesetzt, da diese im Vergleich zu anderen Bauelementen und Maßnahmen günstiger zu realisieren sind. X-Kondensatoren werden zwischen Hin- und Rückleiter platziert. Bei Gegentaktstörungen werden Störströme über den Kondensator in den anderen Leitungsstrang abgeleitet.

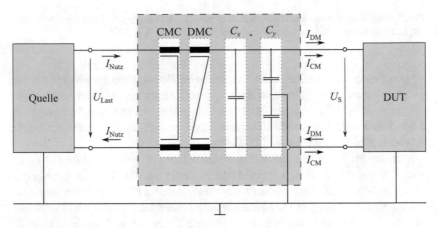

Abbildung 2.8 Filterelemente zur Unterdrückung von Störungen mit einer Gleichtaktdrossel (CMC), einer Gegentaktdrossel (DMC), einem X-Kondensator (C_X) und einem Y-Kondensator (C_Y)

Y-Kondensator Bei Gleichtaktstörungen werden Y-Kondensatoren wirksam. Hochfrequente Störspannungen werden gegen Masse abgeleitet [33, S. 394].

CMC Eine wirksame Maßnahme stellt eine stromkompensierte Drossel (CMC) dar [31, S. 170]. Eine CMC wird so ausgeführt, dass die Hin- und Rückleitung gegensinnig um einen Ferritkern gewickelt werden. Nutzströme induzieren einen gegensinnigen magnetischen Fluss im Kernmaterial und werden nicht beeinflusst. Gleichtaktströme induzieren einen gleichsinnigen magnetischen Fluss im Kernmaterial und werden dadurch gedämpft.

DMC Das gleiche Prinzip kann für die Unterdrückung von Gegentaktströmen verwendet werden. Dafür werden die Wicklungen bei einer Gegentaktdrossel (DMC) gleichsinnig ausgeführt. Gegentaktströme induzieren einen gleichsinnigen magnetischen Fluss im Kernmaterial und werden dadurch gedämpft.

Bei der Filterauslegung muss darauf geachtet werden, dass die induktive Wirkung einer Drossel bei hohen Frequenzen von der parasitären Wicklungskapazität begrenzt wird. Bei hohen Frequenzen dominiert die kapazitive Wirkung und die Filterwirkung wird beeinträchtigt.

Die Störquelle bildet einen Spannungsteiler mit dem Filter. Die Wirksamkeit eines Filters kann daher anhand der Einfügedämpfung

$$a_{Filter} = 20lg \left| \frac{U_{Last}}{U_s} \right| \tag{2.11}$$

mit dem Verhältnis der Quellspannung Us zur Spannung an der Last U_{Last} hinter dem Filter beurteilt werden [31, S. 159]. Das Verhältnis, und damit auch die Filterwirkung, hängt von der Impedanz der Störquelle und der Impedanz der Last ab. Es kann die Aussage getroffen werden, dass je kleiner die Impedanz einer Störquelle, desto größer ist die Effektivität eines Filters [26, S. 55].

Die optimale Auslegung eines Filters hängt demnach zum einen von der Charakteristik der Störungen ab. Der Filter muss passend zu den Frequenzen, bei denen Störungen auftreten, und auf Gegen- und Gleichtaktstörungen ausgelegt werden. Dafür müssen die Störströme und -spannungen bekannt sein. Die Filterdämpfung aus (2.11) zeigt zum anderen, dass die Effektivität eines Filters von der Impedanz der Störquelle abhängt. Eine Störquelle kann demnach durch die charakteristischen Eigenschaften der Störquellenspannung U_s, -strom I_s und -impedanz Z_s beschrieben werden. Das Störverhalten kann damit durch eine ESQ dargestellt werden. Auf die ESQ-Darstellung und wie die charakteristischen Eigenschaften einer Störquelle bestimmt werden, wird im nachfolgenden Kapitel 3 näher eingegangen.

2.1.4 Zusammenfassung

• EMV im Fahrzeugentwicklungsprozess
  – Der Fahrzeugentwicklungsprozess, sowie die Berücksichtigung der EMV, erfolgt nach dem V-Modell. Danach werden Funktionen zunächst von geringer zu großer Systemdetailtiefe definiert. Daraufhin werden die Anforderungen von großer zu geringerer Systemdetailtiefe gegengetestet.

- Für EMV Phänomene ist die Kopplung von Störquelle zu Störsenke charakteristisch. Kopplung kann leitungsgebunden, induktiv, kapazitiv oder gestrahlt erfolgen.
- Anforderungen an das Gesamtfahrzeug werden vom Gesetzgeber definiert. Die Anforderungen an Komponenten werden von den Fahrzeugherstellern mit internationalen und firmeninternen Normen festgelegt.

• Komponententest nach CISPR 25
  - Fahrzeugtests zur EMV, auch der in dieser Arbeit relevante Test zu leitungsgebundenen Störaussendungen von Komponenten, sind in der CISPR 25 [16] festgelegt.
  - Ein wichtiger Bestandteil der Prüfungen, der für die Messungen in Kapitel 4 relevant ist, sind LISN. Diese stellen ein standardisiertes Fahrzeugbordnetz mit der Impedanz

$$Z_{LISN} = \left(\left(R_1 + \frac{1}{j\omega C_{LISN,1}} \right)^{-1} + \left(Z_L + \frac{1}{j\omega C_{LISN,2}} \right)^{-1} \right)^{-1}$$
(2.12)

  bereit.

• Eigenschaften leitungsgebundener Störaussendungen
  - Leitungsgebundene Störaussendungen können in Gleich- (CM) und Gegentaktstörungen (DM) unterschieden werden.
  - Schaltvorgänge sind bei leistungselektronischen Komponenten eine wesentliche Störquelle. Je schneller geschaltet wird, desto breiter ist das Störspektrum.
  - Mit CMC, DMC, X-Kondensatoren und Y-Kondensatoren können Filter zur Unterdrückung der Störaussendungen aufgebaut werden.

2.2   Ersatzstörquellendarstellung

Die Charakteristik einer Störquelle kann anhand einer ESQ beschrieben werden. Diese enthält die Pegel, die von einer Störquelle ausgehen. Für leitungsgebundene Störaussendungen stellt das Verhältnis zwischen Störquelle und dem weiteren Netzwerk einen Spannungsteiler dar. Die Wechselwirkung zwischen Störquelle, Koppelpfad und Störsenke hängt demnach auch von der Impedanz der Quelle ab. Im Folgenden wird in Abschnitt 2.2.1 zunächst auf die Bestandteile einer ESQ eingegangen. Daraufhin wird eine ESQ-Darstellung eines DUTs gewonnen, beginnend in Abschnitt 2.2.2 mit Ansätzen aus der Simulation und anschließend in Abschnitt 2.2.3

mit messtechnischen Ansätzen. Abschließend werden die Kernaussagen der vorangegangenen Abschnitte in Abschnitt 2.2.4 zusammengefasst.

2.2.1 Modellierung einer Ersatzstörquelle

Mit einer ESQ-Darstellung kann das Störverhalten einer Störquelle erfasst werden. Dafür wird diese als Black Box betrachtet und als nicht terminiertes Zweitor anhand der Eigenschaften an den Anschlussklemmen beschrieben. Charakteristische Eigenschaften sind

- die Störquellenspannung U_s,
- der Störquellenstrom I_s,
- und die Störquellenimpedanz Z_s.

Eine Störquelle kann als Spannungsquelle, auch Thévenin-Quelle, oder als Stromquelle, auch Norton-Quelle, dargestellt werden [19, S. 28]. Die ESBs zu den Ersatzquellen sind in Abbildung 2.9 dargestellt. Die beiden Darstellungen können ineinander umgerechnet werden. Zur Bestimmung einer Thévenin-Quelle wird die Leerlaufspannung einer Quelle bestimmt. Der Innenwiderstand wird mit einem definierten Lastzustand charakterisiert. Aus der Leerlaufspannung U_0 und der Lastspannung U_L, die an der Last abfällt, kann der Arbeitspunkt der Quelle ermittelt werden. Mit dem Quellstrom

$$I_s = \frac{U_l}{Z_s} \tag{2.13}$$

wird der Strom der Quelle mit den bekannten Werten ermittelt [19, S. 28 f]. In dieser Arbeit wird die Thévenin-Quellen Darstellung verwendet.

Nach [14] kann jedes Netzwerk mit n Anschlüssen als Thévenin-Quelle dargestellt werden. Ein Netzwerk hat

$$n - 1 \tag{2.14}$$

Thévenin-Quellen, mit jeweils einer Spannungsquelle und einer Impedanz sowie

$$\frac{(n-1)(n-2)}{2} \tag{2.15}$$

zusätzlichen Impedanzen. Für die Beschreibung eines DUTs mit Plusleitung, Minusleitung und Massebezug, also $n = 3$, entspricht das einem Modell mit einer Impedanz und zwei Thévenin-Quellen, wie in Abbildung 2.10 dargestellt. Dieses erweiterte Modell ermöglicht die Darstellung von Gleich- sowie Gegentaktstörungen.

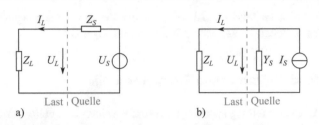

Abbildung 2.9 ESQ-Darstellung als Thévenin-Darstellung (a) und Norton-Darstellung (b) nach [19, S. 28]

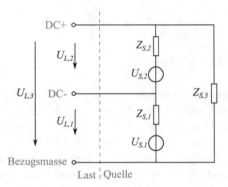

Abbildung 2.10 ESQ-Darstellung mit Thévenin-Quellen eines DUTs mit einer Plus-Leitung, Minus-Leitung und Massebezug

Mit der ESQ-Darstellung eines DUTs ist es möglich verschiedene Abschlüsse, beziehungsweise Lastzustände an den Anschlüssen des DUT, zu simulieren. Damit wird die Wechselwirkung mit dem Fahrzeugbordnetz nachgestellt. Im Vergleich zu dem normierten Messaufbau der CISPR 25 ist es möglich, das Verhalten der Störaussendungen unter verschiedenen Randbedingungen, also unterschiedlichen Bordnetztopologien an den Anschlussklemmen, zu beurteilen. Damit wird beispielsweise eine Abschätzung des ungünstigsten Falls, also dem Fall indem die größten Störungen vom DUT ausgehen, getroffen. Mit einer ESQ-Darstellung ist es außerdem möglich die Optimierung des Störverhaltens im Entwicklungsprozess zu unterstützen. Wie in Abschnitt 2.1.3 beschrieben, ist die optimale Filterauslegung von der Störquellenimpedanz abhängig. Die charakteristischen Werte werden entweder simulatorisch oder messtechnisch bestimmt.

2.2.2   Simulatorische Ersatzstörquellen Charakterisierung

Simulation ermöglicht schon früh im Entwicklungsprozess das Verhalten von DUTs zu beurteilen. Auch im Hinblick auf das EMV-Verhalten kann der Entwicklungsprozess effektiv unterstützt werden. Risiken werden damit frühzeitig erkannt und in der Auslegung berücksichtigt. Für die EMV-Auslegung gibt es verschiedene Simulationsumgebungen, die Entwicklern zur Verfügung stehen. Für die Betrachtung leitungsgebundener Störaussendungen reicht meist eine SPICE Simulation, mit der Netzwerke mit vielen Knoten berechnet werden können [21, S. C10]. In SPICE wird dem Programm eine Netzliste und Parameter vorgegeben. Diese löst SPICE mit dem Knotenpotentialverfahren [27, S. 4]. Auch 3D Simulationsumgebungen werden genutzt. Je besser ein Simulationsmodell dem realen DUT entspricht, desto besser kann eine Simulation das reale Verhalten dieses DUT abbilden. Da nicht alle Einflussgrößen in die Betrachtung mit einbezogen werden können, ist bei der Erstellung eines Simulationsmodells ausschlaggebend, welche Vereinfachungen getroffen werden.

Für eine Schaltungssimulation existieren zwei Ansätze [12], nämlich die Nachstellung der Schaltung in einer Simulationsumgebung oder die Nachstellung der Störcharakteristik mit einem phänomenologischen Modell.

Ersatznetzwerke, auch physikalische Netzwerke, basieren auf einer Nachstellung der Schaltung. Dafür wird diese in einer Simulationsumgebung aufgebaut. Die charakteristischen Eigenschaften der Subkomponenten müssen dafür möglichst gut dem realen Verhalten entsprechen, damit das Simulationsergebnis mit dem realen Verhalten des DUT übereinstimmt. Das reale Verhalten kann aus den Angaben der Hersteller gewonnen werden. Allerdings sind die Angaben, die von dieser Seite zur Verfügung gestellt werden, häufig nur für bestimmte Arbeitspunkte gültig. Für abweichende Arbeitspunkte sind sie nur bedingt verwendbar. Eine weitere Möglichkeit ist es, die Werte, die für die Modellierung notwendig sind, messtechnisch aufzunehmen. Dafür muss jedes Bauelement einzeln charakterisiert werden, bei passiven Bauelementen über die Aufnahme des Impedanzspektrums und bei aktiven Bauelementen über eine ESQ-Darstellung. Sowohl bei der Verwendung der Herstellerangaben als auch bei der messtechnischen Herangehensweise werden die individuellen parasitären Effekte nicht berücksichtigt, zum Beispiel der Einfluss der Anschlüsse an eine Leiterplatte (PCB) oder der kapazitive Bezug zur Masse.

Alternativ zur Nachstellung der Schaltung kann die Störcharakteristik mit einem phänomenologischen Modell simuliert werden. Für Gleich- und Gegentaktstörungen wird dabei jeweils eine ESQ modelliert. Im Vergleich zu der Modellbildung der Schaltung kann ein phänomenologisches Modell deutlich schneller erzeugt werden.

Nach [13, S. 1] ist eine Bestimmung der Störcharakteristik bis $f < 110\,\text{MHz}$ möglich. Hin zu höheren Frequenzen wird die Bestimmung der Störcharakteristik ungenauer, da die Störpegel kleiner werden und in die Nähe des Rauschniveaus der Messgeräte kommen. Der für leitungsgebundene Störaussendungen relevante Bereich, von 150 kHz bis 108 MHz, wird damit ausreichend abgedeckt [16, S. 54]. Theoretisch wäre mit Messgeräten, die über eine bessere Messdynamik verfügen, eine Bestimmung bei höheren Frequenzen möglich [13, S. 6]. Auf das Messgeräterauschen wird weiter in Abschnitt 3.3.3 eingegangen.

Bei allen Simulationsansätzen ist der zeitliche Aufwand, der in die Modellerzeugung gesteckt werden muss, von Nachteil. Des Weiteren ist eine detaillierte Kenntnis über den Aufbau eines DUTs notwendig. Dies ist bei der Beteiligung weiterer Entwicklungsparteien, die Details ihrer Entwicklungen nicht immer preisgeben möchten, nicht immer gegeben. Zusätzlich können Simulationsprogramme die zur Verfügung stehenden finanziellen Ressourcen stark strapazieren. Alternativ kann eine Komponente als Black Box anhand der Klemmeneigenschaften charakterisiert werden.

2.2.3 Black Box Charakterisierung von DUTs

Neben der Analyse über eine Simulation kann ein DUT messtechnisch als Black Box charakterisiert werden. Dafür werden Messungen an den Klemmen des DUTs durchgeführt, ohne den inneren Aufbau zu kennen.

Ansatz Bishnoi Bei [3] wird ein Thévenin ESQ-Modell eines DUT erstellt. Dabei werden zwei separate Modelle für die CM- und DM-Störungen erzeugt.

Für die CM-ESQ wird die leistungselektronische Komponente durch zwei Spannungsquellen und eine $2x2$-Impedanzmatrix modelliert. Die Impedanzmatrix wird im ausgeschalteten Zustand mit einem VNA bestimmt. Für die Charakterisierung der Impedanz wird davon ausgegangen, dass die parasitären Kapazitäten dominieren. Dadurch können zeitvariante Impedanzen, wie die der schaltenden Bauelemente, vernachlässigt werden. Für die Berechnung der Quellspannung wird der Störstrom mit Stromzangen gemessen. Durch die Wahl der Lastimpedanzen auf der Eingangsseite

$$Z_{Last,i} >> Z_{11} \tag{2.16}$$

und der Ausgangsseite

$$Z_{Last,o} >> Z_{22}, \tag{2.17}$$

die deutlich größer als die der Impedanzmatrix sind, wird ein Strom gemessen, der nahezu dem Leerlaufstrom entspricht. Über die bekannte Lastimpedanz wird auf die Quellspannung geschlossen.

Für die Bestimmung des DM Modells wird von einer Entkopplung der Eingangs- und Ausgangsseite des DUTs ausgegangen und für jede Seite ein separates Modell erstellt. Diese Annahme wird unter der Voraussetzung getroffen, dass der Zwischenkreiskondensator einen Kurzschluss für hohe Frequenzen darstellt [3, S. 7]. Die Impedanzen werden direkt über einen VNA oder Impedanzanalysator bestimmt (detaillierte Beschreibung zur vektoriellen Netzwerkanalyse in Abschnitt 2.3.3 und 3.1.1). Für die Messung der Quellspannung wird mit

$$Z_{Last} >> Z_{DM} \tag{2.18}$$

wieder ein Zustand wie bei dem CM-Modell, der einem Leerlauf nahe kommt, erzeugt.

In [3] wird gezeigt, dass leitungsgebundene Störaussendungen bis 30 MHz zuverlässig vorhergesagt werden können. Bei Frequenzen größer 30 MHz sind die vereinfachten Annahmen nicht mehr gültig.

Ansatz Liu Ein weiterer Ansatz für eine Black Box Charakterisierung eines DUT wird in [20] beschrieben. Das beschriebene Verfahren ermöglicht eine Charakterisierung, bei der keine separaten Modelle für die CM und DM Störungen erzeugt werden müssen. Für die Bestimmung der charakteristischen Werte für die ESQ wird der Lastzustand geändert. Es wird der CISPR AN-Testaufbau genutzt. Das DUT wird über eine LISN versorgt. An dieser werden Ströme und Spannungen gemessen. Zwischen LISN und DUT werden verschiedene Impedanznetzwerke geschaltet. Durch die Laständerung wird auf die Quellimpedanz geschlossen. Da an der LISN gemessen wird, muss das eingefügte Impedanznetzwerk bekannt sein, um auf die Ströme und Spannungen am DUT rückschließen zu können. Mit diesem Ansatz ist eine Bestimmung der ESQ bis 30 MHz möglich.

Ansatz Zietz In [42] [43] wird ein Verfahren beschrieben, mit dem das Verhalten von Strömen und Spannungen auf einer Leitung gemessen wird. Diese werden in Form von Wellengrößen beschrieben (siehe Abschnitt 2.3.1). Für diesen Ansatz wird eine aktive Komponente verwendet und das DUT als Black Box betrachtet. Die Störaussendung wird ermittelt, ohne dass weitere Informationen über den inneren Aufbau bekannt sein müssen. Allerdings wird keine ESQ bestimmt. Das Verfahren, das in dieser Arbeit zur Bestimmung einer ESQ genutzt wird, baut auf diesem

Verfahren auf und soll deshalb für das Verständnis der weiteren Abschnitte, insbesondere Abschnitt 3.1, im Folgenden erläutert werden.

In dem Messaufbau wird ein DUT über eine DC-Quelle versorgt. Es wird ein Richtkoppler eingebracht, der Teile der Wellengrößen der Leitung auskoppelt. Die Richtkopplereigenschaft ermöglicht es, hin- und rücklaufende Welle voneinander zu unterscheiden.

Im ersten Schritt wird der Messaufbau mit einem VNA im Frequenzbereich kalibriert. Diese Kalibrierung wird daraufhin auf eine Zeitbereichsmessung angewendet. Die ausgekoppelten Wellengrößen werden dafür mit einem Oszilloskop gemessen. Die Anwendung der Kalibrierung im Frequenzbereich auf eine Messung im Zeitbereich wird im Detail in Abschnitt 3.1 beschrieben. Durch die Anwendung der Kalibrierung können die Wellengrößen an beiden Enden der Leitung, an dem Leitungsende, an dem die Last angeschlossen ist, und an dem Leitungsende, an dem das DUT angeschlossen ist, charakterisiert werden. Mit den Wellengrößen können daraufhin sowohl Strom als auch Spannung an den Leitungsenden bestimmt werden.

In der Veröffentlichung [43] wurden die Messergebnisse für folgende Zwecke verwendet.

- Um das Störsignal des DUT, das im Frequenzbereich bestimmt wird, im Zeitbereich zu rekonstruieren. Dafür wurden die Leitungsgrößen am Leitungsende zurück in den Zeitbereich transformiert.
- Um die Impedanz einer passiven Last am Leitungsende zu bestimmen. Dies kann über die Reflexion, also dem Verhältnis von rück- zu hinlaufender Welle, erfolgen.
- Der Hauptfokus der Veröffentlichung liegt auf der Simulation des Abstrahlverhaltens einer Leitung, beziehungsweise der Einkopplung der abgestrahlten Leistung in eine Antenne.

Mit dem Messverfahren kann ein passiver Abschluss bestimmt werden. Also ein Leitungsabschluss, der zeitinvariantes Verhalten zeigt. Zudem werden die Spannungen und Ströme am Leitungsende ermittelt. Die Charakterisierung der Impedanz einer Störquelle ist nicht möglich. Allerdings wird das Messverfahren hier nicht dazu verwendet, eine ESQ-Darstellung zu gewinnen. Dieser Ansatz wird in Abschnitt 3.1 weiterentwickelt. In Abschnitt 2.3 werden die dafür notwendigen Zusammenhänge eingeführt.

2.2.4 Zusammenfassung

Es kann wie folgt zusammengefasst werden:

- Die Störcharakteristik von einem DUT kann über eine ESQ-Beschreibung modelliert werden. Dafür können Thévenin-Quelle, Norton-Quellen, oder eine Mischung der beiden Quelldarstellungen, genutzt werden.
- Eine ESQ kann über eine Simulation bestimmt werden. Dafür wird der Aufbau des DUTs in einer Simulationsumgebung nachgebildet. Ein zweiter Ansatz ist die Nachstellung der Störcharakteristik mit einem phänomenologischen Modell, bei dem diese nachgebildet wird.
- Ein ESQ kann außerdem über Messungen bestimmt werden. Die Herausforderung stellt dabei die Berücksichtigung einer Rückwirkung der Messung auf die Bestimmung der charakteristischen Werte U_s, I_s und Z_s dar.

2.3 Beschreibung der Ausbreitung von leitungsgebundenen Störaussendungen in Netzwerken

Aus dem vorangegangenem Abschnitt sind die Bestandteile eines ESQ-Modells bekannt. Für die Beschreibung des Messverfahrens ist das Ausbreitungsverhalten von Störungen, also Strömen und Spannungen, in einem Netzwerk grundlegend. Dafür muss der Einfluss der Netzwerkeigenschaften, die die Ausbreitung beeinflussen, bekannt sein.

In Abschnitt 2.3.1 wird zunächst auf die Ausbreitung von Strömen und Spannungen entlang von Leitungen eingegangen. Daraufhin wird der Einfluss von Leitungsabschlüssen in Abschnitt 2.3.2 diskutiert. Aufbauend auf der Beschreibung der Ausbreitung von Strömen und Spannungen wird in Abschnitt 2.3.3 die Beschreibung mit Leitungswellen eingeführt.

2.3.1 Elektromagnetische Wellenausbreitung auf unendlich langen Leitungen

Mit der Leitungstheorie wird die Ausbreitung von Signalen in Netzwerken beschrieben, wenn die realen Leitungslängen im Netzwerk in die Größenordnung der kürzesten Wellenlängen vom Signalspektrum kommen. Am Beispiel einer Doppelleitung können die Ausbreitungsvorgänge von Strömen und Spannungen auf einer Leitung

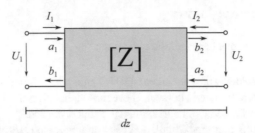

Abbildung 2.11 Zweitor mit Strömen I_n und Spannungen U_n sowie den Leitungswellen a_n und b_n

veranschaulicht werden. Die Überlegungen bezüglich der Doppelleiteranordnung können auf andere Leitungsgeometrien übertragen werden. Die Beschreibungen beruhen auf dem Lehrbuch von Unger [37].

Wie in Abbildung 2.11 dargestellt, liegen an beiden Leitungsenden ein Strom und eine Spannung an. Der Wellenwiderstand der Leitung bestimmt das Ausbreitungsverhalten der Ströme und Spannungen auf der Leitung. Der Leitungsbelag beschreibt den Wellenwiderstand auf die Länge bezogen. Er besteht aus

- dem Induktivitätsbelag L',
- dem Kapazitätsbelag C',
- Widerstandsbelag R',
- und dem Leitwertbelag G'.

Ein Strom auf der Leitung erzeugt ein magnetisches Feld H mit dem magnetischen Fluss

$$\Phi = Li \tag{2.19}$$

mit der Induktivität L und dem Strom i [37, S. 8]. Dieses resultiert in dem Induktivitätsbelag

$$L' = \frac{L}{dz} \tag{2.20}$$

der Leitung mit der Länge dz.

Eine Spannung U erzeugt ein elektrisches Feld E mit der Ladung

$$Q = CU \tag{2.21}$$

mit der Kapazität C [37, S. 6]. Daraus folgt der Kapazitätsbelag

$$C' = \frac{C}{dz} \qquad (2.22)$$

der Leitung mit der Länge dz. Abbildung 2.12 zeigt das ESB einer Leitung mit der Länge dz und den zugehörigen Leitungsbelägen R', L', G' und C'.

Wenn nur die Leitungsbeläge L' und C' vorhanden sind, handelt es sich um eine verlustlose Leitung. Eine verlustbehaftete Leitung hat zusätzlich ein R' und G'. Der endliche Widerstand der Leitung wird durch den Widerstandsbelag R' berücksichtigt. Der Fall, dass das Material zwischen den Leitungen nicht vollständig isolierend ist, wird durch den Leitwertbelag G' berücksichtigt. Er wird von der Wechselstromleitfähigkeit des Materials zwischen den zwei Leitungen bestimmt [37, S. 8].

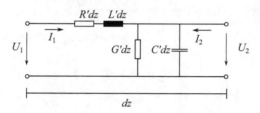

Abbildung 2.12 Verlustbehaftete Leitung der Länge dz mit Widerstandsbelag R', Induktivitätsbelag L', Leitwertbelag G' und Kapazitätsbelag C' nach [37, S. 9]

Für den eingeschwungenen Zustand ergeben sich die Differentialgleichungen für die Spannung

$$\frac{dU(z)}{dz} = -(R' + j\omega L')I(z) \qquad (2.23)$$

und den Strom

$$\frac{dI(z)}{dz} = -(G' + j\omega C')U(z) \qquad (2.24)$$

[37, S. 11]. Durch Ableitung von 2.23 und Einsetzen von 2.24 wird die Differentialgleichung gelöst. Daraus folgt die Wellengleichung der Leitung

$$\frac{d^2U(z)}{dz^2} = (R' + j\omega L')(G' + j\omega C')U(z) = \gamma^2 U(z). \qquad (2.25)$$

Analog kann die Wellengleichung

$$\frac{d^2I(z)}{dz^2} = (R' + j\omega L')(G' + j\omega C')I(z) = \gamma^2 I(z) \qquad (2.26)$$

bestimmt werden. Für die frequenzabhängige Ausbreitungskonstante gilt

$$\gamma = \sqrt{(R' + j\omega L')(G' + j\omega C')}.$$ (2.27)

Die allgemeine Lösung der Differentialgleichung zweiter Ordnung ist

$$U(z) = U_0^+ e^{-\gamma z} + U_0^- e^{\gamma z}$$ (2.28)

mit den Integrationsgrenzen U_0^+ und U_0^-. Durch Integration von 2.24 und Einsetzen von 2.28 in 2.24 folgt

$$\begin{aligned}
I(z) &= -\frac{(G' + j\omega C')}{\gamma^2} \frac{dU(z)}{dz} \\
&= \frac{\gamma}{R' + j\omega L'} (U_0^+ e^{-\gamma z} - U_0^- e^{\gamma z}) \\
&= \frac{1}{Z} (U_0^+ e^{-\gamma z} - U_0^- e^{\gamma z}) \\
&= I_0^+ e^{-\gamma z} + I_0^- e^{\gamma z}
\end{aligned}$$ (2.29)

mit einer Vereinfachung durch Nutzung des Wellenwiderstandes

$$Z_{Leitung} = \sqrt{\frac{R' + j\omega L'}{G' + j\omega C'}}.$$ (2.30)

der Leitung [25, S. 50].

Mit 2.28 und 2.29 wird die Ausbreitung in beide Richtungen der Leitung beschrieben, mit $e^{-\gamma z}$ für die positive z-Richtung. Der Term $e^{\gamma z}$ beschreibt eine rücklaufende Ausbreitung in die negative z-Richtung. Für die Spannung kann auch

$$U(z) = U_0^+ e^{-\gamma z} + U_0^- e^{\gamma z} = U_h + U_r$$ (2.31)

mit der hinlaufenden Welle U_h und der rücklaufenden Welle U_r geschrieben werden. Analog gilt für den Strom

$$I(z) = I_0^+ e^{-\gamma z} + I_0^- e^{\gamma z} = I_h + I_r$$ (2.32)

mit der hinlaufenden Welle I_h und der rücklaufenden Welle I_r [37, S. 17].

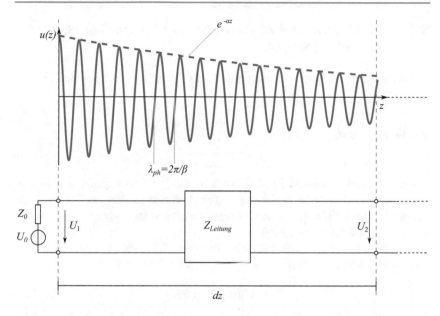

Abbildung 2.13 Wellenausbreitung auf einer verlustbehafteten Leitung nach [37, S. 15].
Mit hinlaufender Welle (blau) und Dämpfung der hinlaufenden Welle (rot)

Wie in Abbildung 2.13 dargestellt, bestimmt die Ausbreitungskonstante wie die Größen sich auf der Leitung ausbreiten. Für die Ausbreitungskonstante gilt

$$\gamma = \alpha + j\beta \tag{2.33}$$

mit der Dämpfungskonstante α und der Phasenkonstante β. Über β wird die Phasengeschwindigkeit

$$v = \frac{\omega}{\beta} \tag{2.34}$$

definiert. Die Dämpfungskonstante bestimmt die Dämpfung der Leitung. Die Amplitude der Spannung nimmt mit $e^{-\alpha z}$ ab.

2.3.2 Elektromagnetische Wellenausbreitung auf endlich langen Leitungen

Bei einer unendlich langen Leitung gilt für die Verteilung der Spannung über die Leitung

$$U(z) = U_1 e^{-\gamma z} \tag{2.35}$$

und für den Strom

$$I(z) = \frac{U_1}{Z_{Leitung}} e^{-\gamma z} \tag{2.36}$$

mit dem Wellenwiderstand $Z_{Leitung}$ aus 2.30. Diese Gleichungen gelten für eine unendlich lange Leitung ohne Betrachtung des Leitungsabschlusses. Für den allgemeinen Fall muss der Einfluss des Leitungsabschlusses einbezogen und die Formeln aus Abschnitt 2.3.1 ergänzt werden.

Bei einer bekannten Leitungslänge können in 2.31 feste Integrationsgrenzen eingesetzt werden. Damit gilt für eine Leitung der Länge l am Anfang der Leitung

$$U_1 = U(0) \ , \ I_1 = I(0) \tag{2.37}$$

und am Ende der Leitung

$$U_2 = U(z = l) \ , \ I_2 = I(z = l). \tag{2.38}$$

Für eine Leitung, die mit Z_2 abgeschlossen ist, gilt am Leitungsende

$$U_2 = I_2 Z_2. \tag{2.39}$$

Durch Einsetzen dieser Bedingung in 2.31 ergibt sich

$$U(z) = \frac{1}{2} \left(Z_2 + Z_{Leitung} \right) I_2 e^{\gamma(l-z)} + \frac{1}{2} \left(Z_2 - Z_{Leitung} \right) I_2 e^{-\gamma(l-z)} \tag{2.40}$$

für die Verteilung der Spannung auf der Leitung [37, S. 26]. Die rücklaufende Welle wird also von dem Leitungsabschluss Z_2 bestimmt, siehe Abbildung 2.14. Aus dem Verhältnis der hin- und rücklaufenden Welle folgt der Reflexionsfaktor

$$\Gamma = \frac{Z_2 - Z_{Leitung}}{Z_2 + Z_{Leitung}}. \tag{2.41}$$

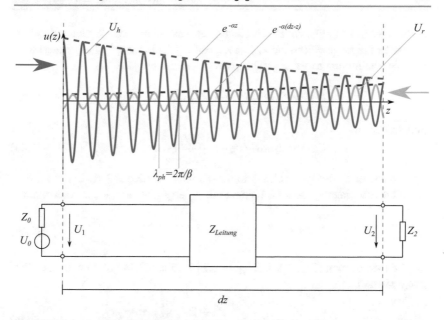

Abbildung 2.14 Wellenausbreitung auf einer verlustbehafteten Leitung mit einem reflektierenden Abschluss mit $\Gamma \neq 0$ die mit einer Impedanz Z_2 abgeschlossen ist, nach [37, S. 25]. Mit hinlaufender Welle (blau), Dämpfung der hinlaufenden Welle (rot), rücklaufende Welle (gelb) und Dämpfung der rücklaufenden Welle (violett)

Dieser gibt an, welcher Anteil einer hinlaufenden Welle am Leitungsende reflektiert beziehungsweise zum Leitungsabschluss mit dem Transmissionsfaktor

$$T = \frac{2Z_2}{Z_2 + Z_{Leitung}} \tag{2.42}$$

transmittiert wird. Dabei sind drei Fälle besonders hervorzuheben

- **Anpassung:** $\Gamma = 0$, durch die Wahl $Z_2 = Z_{Leitung}$ wird die eingespeiste Leistung komplett absorbiert.
- **Leerlauf:** $\Gamma = 1$, durch die Wahl $Z_2 \to \infty$ Totalreflexion in Phase.
- **Kurzschluss:** $\Gamma = -1$, durch die Wahl $Z_2 = 0$ Totalreflexion und Phasendrehung um $180°$.

Eine wichtige Größe zur Beschreibung der Ausbreitung von Wellen auf Leitungen ist der Eingangswiderstand Z_a, der am Anfang der Leitung in die Leitung hinein für eine bestimmte Frequenz gesehen wird. Die Spannung

$$U(z) = U_1 cosh(\gamma z) + Z_{Leitung} I_1 sinh(\gamma z) \qquad (2.43)$$

und der Strom

$$I(z) = I_1 cosh(\gamma z) + \frac{U_1}{Z_{Leitung}} sinh(\gamma z) \qquad (2.44)$$

können ebenfalls als Hyperbelfunktion beschrieben werden [37, S. 13].

Mit der Bedingung, dass die Leitung mit Z_2 abgeschlossen ist, kann dies mit

$$Z_2 = \frac{U_2}{I_2} \qquad (2.45)$$

beschrieben werden [37, S. 43]. Eingesetzt in 2.43 und 2.44 gilt dann für den Eingangswiderstand

$$Z_1 = \frac{U_1}{I_1} = Z_{Leitung} \frac{Z_2 + Z_{Leitung} tanh(\gamma l)}{Z_{Leitung} + Z_2 tanh(\gamma l)}. \qquad (2.46)$$

Wichtig ist, wie sich der Eingangswiderstand für bestimmte Kombinationen aus Wellenlänge lambda und Leitungslänge l verhält. Dies kann anschaulich aus dem Verhältnis von Eingangsimpedanz zu Wellenwiderstand

$$\frac{Z_1}{Z_{Leitung}} = \frac{Z_2 + j Z_{Leitung} tan(\beta l)}{Z_{Leitung} + j Z_2 tan(\beta l)} \qquad (2.47)$$

für eine verlustlose Leitung hergeleitet werden [37, S. 45].

Für den Fall

$$l = n\lambda + \lambda/2 \text{ mit } n = 0, 1, 2, 3, ... \qquad (2.48)$$

gilt

$$\beta l = n\pi \qquad (2.49)$$

$$Z_1 = Z_2. \qquad (2.50)$$

Der Abschluss am Ende der Leitung wird also an den Leitungsanfang transformiert. Für den Fall

$$l = n\lambda + \lambda/4 \text{ mit } n = 0, 1, 2, 3, ... \qquad (2.51)$$

gilt

$$\beta l = n\pi + \frac{\pi}{2} \tag{2.52}$$

$$Z_1 = \frac{Z_{Leitung}^2}{Z_2}. \tag{2.53}$$

2.3.3 Beschreibung der Wellenausbreitung auf Leitungen mit Leitungswellen

Alternativ zur Beschreibung mit Strömen und Spannungen kann die Wellenausbreitung mit Leitungswellen beschrieben werden. Die Darstellung der Ausbreitung von Wellen in einem Netzwerk ist mit Leitungswellen anschaulicher möglich und kann darüber hinaus auch für die Wellenausbreitung von höheren Moden verwendet werden, wo integrale Begriffe von Spannung und Strom für die hier betrachtete TEM-Mode nicht mehr anwendbar sind. Dies ist notwendig, damit alle Größen die gleiche Dimension haben und miteinander verrechnet werden können [11, S. 125].

Bisher wurden die Netzwerkgrößen auf die Leitungsimpedanz $Z_{Leitung}$ bezogen. Für die Leitungswellenbeschreibung kann auf die Beschreibung mittels einer Bezugsimpedanz Z_0, die frei gewählt werden kann, zurückgegriffen werden [25, S. 186]. In der Regel und auch in dieser Arbeit wird die Bezugsimpedanz zu $Z_0 = 50\ \Omega$ gewählt. Nach [11, S. 128] gilt für die Spannungsverteilung

$$U(z) = \sqrt{Z_0}(a(z) + b(z)) \tag{2.54}$$

und für die Stromverteilung

$$I(z) = \frac{1}{\sqrt{Z_0}}(a(z) - b(z)) \tag{2.55}$$

mit der in das Netzwerk laufenden Leistungswelle

$$a(z) = \frac{1}{2}\left(\frac{U}{\sqrt{Z_0}} + \sqrt{Z_0}I\right) \tag{2.56}$$

und der auf das Leitungsende zulaufenden Leistungswelle

$$b(z) = \frac{1}{2}\left(\frac{U}{\sqrt{Z_0}} - \sqrt{Z_0}I\right) \tag{2.57}$$

mit der Einheit $\sqrt{VA} = \sqrt{W}$. Mit der Beschreibung durch Leitungswellen folgt das Zweitor, mit den Leitungswellen a_1 und b_1 an Tor 1 sowie a_2 und b_2 an Tor 2, in Abbildung 2.15. Die Leitungsbeläge sind hier als Impedanzmatrix $[Z]$ berücksichtigt.

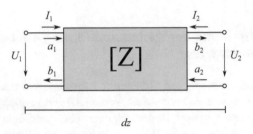

Abbildung 2.15 Zweitor mit auf das Netzwerk einfallenden Wellen a_i, reflektierten Wellen b_j, Strömen I_n und Spannungen U_n nach [11, S. 132]

Ausgehend von der Anregung an Tor 1 ergibt sich die Wellenausbreitung für die anregende Welle zu

$$a(z) = a_1 e^{-\gamma z} \tag{2.58}$$

und für die Systemantwort zu

$$b(z) = b_1 e^{\gamma z}. \tag{2.59}$$

Für einen passiven Abschluss, entsprechend Abbildung 2.16, wird eine Leistungswelle entsprechend dem Impedanzverhältnis von Abschlussimpedanz zu Bezugsimpedanz mit

$$\Gamma = \frac{Z_{passiv} - Z_0}{Z_{passiv} + Z_0} = \frac{b_1}{a_1} \tag{2.60}$$

reflektiert. Dies ist analog zu der Reflexion nach Gleichung 2.41. Die Spannung

$$U_1 = \sqrt{Z_0}(b_1 + a_1) \tag{2.61}$$

und der Strom

$$I_1 = \frac{1}{\sqrt{Z_0}}(b_1 - a_1) \tag{2.62}$$

folgen daraus für den passiven Abschluss [11, S. 134].

Für einen aktiven Abschluss, entsprechend der Darstellung in Abbildung 2.16, verhält es sich ähnlich wie bei einem passiven Abschluss. Jedoch ist die von der Quelle ausgehende Welle

$$a_2 = a_0 + b_2\Gamma \tag{2.63}$$

eine Summe, nämlich der von der Quelle ausgehenden Welle a_0 und der Reflexion der auf das Tor einfallenden Welle b_2.

a)   b)

Abbildung 2.16 Leitungsabschlüsse. a) Passiver Abschluss einer Leitung mit der Impedanz Z_{passiv} und b) aktiver Abschluss einer Leitung mit der Impedanz Z_{aktiv} und der Leitung a_0

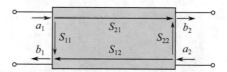

Abbildung 2.17 Zweitor mit auf das Netzwerk einfallenden Wellen a_i, vom Netzwerk ausgehenden Wellen b_j und Streuparametern S_{ji} nach [11, S. 132]

Das Reflexions- und Transmissionsverhalten zwischen zwei Toren wird bei der Leitungswellenbeschreibung vorteilhaft mit Streuparametern beschrieben, dargestellt in Abbildung 2.17. Es gilt

$$\vec{b} = [S]\vec{a} . \tag{2.64}$$

Eine Streumatrix (S-Matrix), mit den Einträgen

$$S_{ji} = \frac{b_j}{a_i}, \tag{2.65}$$

beschreibt das Übertragungsverhalten zwischen den auf das Netzwerk einfallenden Wellen a_i zu den von dem Netzwerk ausgehenden Wellen b_j. Am Beispiel eines Zweitors gilt für die einzelnen S-Parameter

$$S_{11} = \left.\frac{b_1}{a_1}\right|_{a_2=0} \quad \text{Eingangsreflexionsfaktor bei angepasstem Ausgang (hier Tor 2),} \quad (2.66)$$

$$S_{12} = \left.\frac{b_1}{a_2}\right|_{a_1=0} \quad \text{Rückwärtstransmissionsfaktor bei angepasstem Eingang (hier Tor 1),}$$
$$(2.67)$$

$$S_{21} = \left.\frac{b_2}{a_1}\right|_{a_2=0} \quad \text{Vorwärtstransmissionsfaktor bei angepasstem Ausgang (hier Tor 2),}$$
$$(2.68)$$

$$S_{22} = \left.\frac{b_2}{a_2}\right|_{a_1=0} \quad \text{Ausgangsreflexionsfaktor bei angepasstem Eingang (hier Tor 1).} \quad (2.69)$$

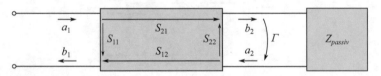

Abbildung 2.18 Zweitor mit einfallenden Wellen a_i, reflektierten Wellen b_j, Streuparametern S_{ji} und einem passiven Leitungsabschluss Z_{passiv} an Tor 2

Die S-Parameter können zum Beispiel mit einem VNA bestimmt werden. Dieser regt ein Netzwerk mit einer Welle a_i an und misst eine Welle b_j. Die S-Parameter können direkt an den Toren des Netzwerks gemessen werden. Alternativ können, falls nur ein Zugang zu dem Netzwerk besteht, die S-Parameter auch mit bekannten Abschlüssen am Ausgang (hier Tor 2) bestimmt werden. Das Verhältnis der Wellen am Eingang

$$\frac{b_1}{a_1} = S_{11} + \frac{S_{12}S_{21}}{S_{22}}\Gamma \qquad (2.70)$$

hängt von dem Abschluss am Ausgang über die S-Matrix ab. Die bekannten Abschlüsse können die folgenden sein.

- **Anpassung:** $\Gamma_M = 0$, durch die Wahl $Z_2 = Z_0$ wird die eingespeiste Leistung komplett absorbiert

- **Leerlauf:** $\Gamma_O = 1$, durch die Wahl $Z_2 \to \infty$ Totalreflexion in Phase.
- **Kurzschluss:** $\Gamma_S = -1$, durch die Wahl $Z_2 = 0$ Totalreflexion und Phasendrehung um $180°$.

Damit sind die Gleichungen für die Reflexion an Tor 1

$$S_{11} = S_{11,M}, \tag{2.71}$$

die Transmissionen

$$S_{21}S_{12} = \frac{(\Gamma_O - \Gamma_S)(S_{11,O} - S_{11,M})(S_{11,S} - S_{11,M})}{\Gamma_O\Gamma_S(S_{11,O} - S_{11,S})} \tag{2.72}$$

und die Reflexion an Tor 2

$$S_{22} = \frac{\Gamma_S(S_{11,O} - S_{11,M}) - \Gamma_O(S_{11,S} - S_{11,M})}{\Gamma_O\Gamma_S(S_{11,O} - S_{11,S})} \tag{2.73}$$

lösbar. Die Indizes entsprechen den jeweiligen Leitungsabschlüssen Leerlauf O, Kurzschluss S und Anpassung M 2.18.

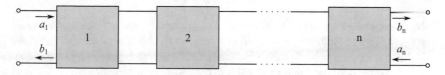

Abbildung 2.19 Kette aus Zweitoren mit einfallenden Wellen a_i und reflektierten Wellen b_j

Mit den S-Parametern können auch Zusammenschaltungen aus mehreren Netzwerken beschrieben werden [36], siehe Abbildung 2.19. Die Verrechnung erfolgt dann im einfachsten Fall über Kettenparameter

$$\begin{bmatrix} U_1 \\ I_1 \end{bmatrix} = [A_1][A_2]...[A_n]\begin{bmatrix} U_n \\ -I_n \end{bmatrix} \tag{2.74}$$

die mit

$$
\begin{bmatrix} A_{11} & A_{12} \\ A_{21} & A_{22} \end{bmatrix} = \begin{bmatrix} \dfrac{1 + S_{11} - S_{22} - (S_{11}S_{22} - S_{12}S_{21})}{2S_{21}} & 2Z_0\dfrac{1 + S_{11} + S_{22} + (S_{11}S_{22} - S_{12}S_{21})}{2S_{21}} \\ \dfrac{1}{Z_0}\dfrac{1 - S_{11} - S_{22} + (S_{11}S_{22} - S_{12}S_{21})}{2S_{21}} & \dfrac{1 - S_{11} + S_{22} - (S_{11}S_{22} - S_{12}S_{21})}{2S_{21}} \end{bmatrix}
$$

$$(2.75)$$

aus Streuparametern bestimmt werden oder umgekehrt über

$$
\begin{bmatrix} S_{11} & S_{12} \\ S_{21} & S_{22} \end{bmatrix} = \begin{bmatrix} \dfrac{a_{11} + a_{12} - a_{21} - a_{22}}{a_{11} + a_{12} + a_{21} + a_{22}} & 2\dfrac{a_{11}a_{22} - a_{21}a_{12}}{a_{11} + a_{12} + a_{21} + a_{22}} \\ \dfrac{2}{a_{11} + a_{12} + a_{21} + a_{22}} & \dfrac{-a_{11} - a_{12} - a_{21} - a_{22}}{-a_{11} + a_{12} - a_{21} + a_{22}} \end{bmatrix} .
$$

$$(2.76)$$

Weitere Erläuterungen zur Rechnung und Umrechnung mit verschiedenen Parameterdarstellungen sind in dem Lehrbuch [24] zu finden. Mit dem bekannten Verhalten des passiven Leitungsabschlusses, aktiven Leitungsabschlusses und dem Übertragungsverhalten ist das Netzwerk in Abbildung 2.20 vollständig beschrieben.

Für den Fall der Anregung über die Quelle mit a_0 gilt für die auf den passiven Abschluss einfallende Welle

$$
b_1 = \frac{a_0 S_{12}}{1 - S_{11}\Gamma_{passiv}}
$$

$$(2.77)$$

der Zusammenhang über die Reflexion Γ_{passiv} am Abschluss sowie die Transmission S_{12} und Reflexion S_{11} am Übertragungsweg. Allerdings werden dabei die Mehrfachreflexionen im System vernachlässigt. Durch das mehrmalige Durchlaufen des Netzwerkes summiert sich die auf Tor 1 einfallende Welle zu

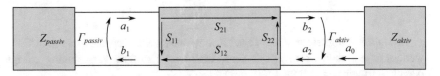

Abbildung 2.20 Zweitor mit einfallenden Wellen a_i, reflektierten Wellen b_j und Streuparametern S_{ji} sowie einem passiven Leitungsabschluss Z_{passiv} an Tor 1 und einem aktiven Leitungsabschluss Z_{aktiv} einer Quelle an Tor 2 mit der Quellleistung a_0 nach [11, S. 135]

$$b_1 = \quad a_0 S_{12}$$
$$+ \quad a_0 S_{12} \Gamma_t S_{21} \Gamma_s S_{12}$$
$$+ \quad a_0 S_{12} \Gamma_t S_{21} \Gamma_s S_{12} \Gamma_t S_{21} \Gamma_s S_{12} \tag{2.78}$$
$$+ \quad ...$$

auf. Dieser Zusammenhang kann über eine geometrische Reihe zu

$$b_1 = a_0 S_{12}(1 + \Gamma_t S_{21} \Gamma_s S_{12} + (\Gamma_t S_{21} \Gamma_s S_{12})^2 + ...) \tag{2.79}$$
$$= a_0 S_{12} \left(1 + \frac{\Gamma_t S_{21} \Gamma_s S_{12}}{1 - \Gamma_t S_{21} \Gamma_s S_{12}} \right)$$

vereinfacht werden [4, S. 19].

2.3.4 Zusammenfassung

- Wellen breiten sich auf Leitungen mit der Ausbreitungskonstante

$$\gamma = \sqrt{(R' + j\omega L')(G' + j\omega C')} = \alpha + j\beta \tag{2.80}$$

mit der Dampfungskonstante α und der Ausbreitungskonstante β aus.
- Bei einer cdie Welle am Leitungsabschluss Z_2 mit

$$\Gamma = \frac{Z_2 - Z_{Leitung}}{Z_2 + Z_{Leitung}} \tag{2.81}$$

reflektiert, beziehungsweise mit

$$T = \frac{2Z_2}{Z_2 + Z_{Leitung}} \tag{2.82}$$

transmittiert.
- Die Ausbreitung wird praktisch mit Leitungswellen beschrieben. Es gelten

$$U_n = \sqrt{Z_0}(b_n + a_n) \tag{2.83}$$

und

$$I_n = \frac{1}{\sqrt{Z_0}}(b_n - a_n). \tag{2.84}$$

Im vorangegangenen Kapitel 2 wurde der Kontext, in dem EMV in den Entwicklungsprozess eingebunden wird, vorgestellt. Dieser stützt sich größtenteils auf Prototypen-Versuche, die erst spät im Entwicklungsprozess durchgeführt werden können. Die Entwicklung kann durch ein ESQ-Modell, dass die elektrischen Eigenschaften eines DUT anhand seiner Klemmeneigenschaften beschreibt, unterstützt werden. Für die Erstellung eines ESQ-Modells können verschiedene Ansätze herangezogen werden, die in Abschnitt 2.2.3 eingeführt wurden.

In diesem Kapitel wird ein Messverfahren zur kontaktlosen Bestimmung der Eigenschaften eines DUT vorgestellt. Die theoretischen Grundlagen des Verfahrens werden in Abschnitt 3.1 erläutert. Anhand der Kenngrößen der Messanordnung werden in Abschnitt 3.2 die Eigenschaften, die dem Verfahren Grenzen setzen, abgeleitet. Diese Eigenschaften werden in Abschnitt 3.3 mit Messwerten verglichen.

3.1 Charakterisierung von Störgrößen auf Leitungen sowie aktiven und passiven Leitungsabschlüssen

Mit einem Richtkoppler können die Wellengrößen einer Leitung ausgekoppelt, das heißt die hin- und rücklaufende Welle oder Spannung und Strom können getrennt werden [30, S. 11]. Bei Zietz [43] wurde ein Verfahren entwickelt, bei dem anhand der über einen kontaktlosen Richtkoppler ausgekoppelten Größen auf die Wellengrößen an dem Anfang und Ende der Leitung zurückgeschlossen werden konnte. Mit den bekannten Wellengrößen wird, durch die Anregung an den Leitungsenden, bei diesem Ansatz auch das Abstrahlverhalten der Leitung erfasst (siehe Abschnitt 2.2.3). Die Wellengrößen auf der Leitung werden von den Abschlüssen am

45
T. Tumbrägel, *Kontaktlose EMV-Charakterisierung von Ersatzstörquellen*, AutoUni – Schriftenreihe 168, https://doi.org/10.1007/978-3-658-42557-9_3

Leitungsende beeinflusst (siehe Abschnitt 2.3.2). Daher soll untersucht werden, ob die charakteristischen Eigenschaften einer Störquelle, die für die Beschreibung einer ESQ nötig sind, damit bestimmt werden können.

Der Aufbau für das Messverfahren ist in Abbildung 3.1 dargestellt. Eine Last befindet sich an der Ebene *E1* mit den dortigen Wellengrößen a_1 und b_1. Diese ist über eine Leitung mit der Störquelle an der Ebene *E2* mit den Wellengrößen a_2 und b_2 verbunden. Über einen Richtkoppler werden die Wellengrößen a_3 und b_3 zu der Ebene *E3* und die Wellengrößen a_4 und b_4 zu der Ebene *E4* ausgekoppelt. An der Ebene *E3* und der Ebene *E4* können diese Größen gemessen werden.

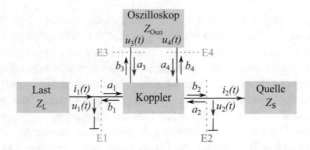

Abbildung 3.1 Messaufbau für die kontaktlose Bestimmung der Leitungsgrößen. Enthalten sind eine Störquelle Z_s und eine Last Z_L, die über eine Leitung mit einem eingeschleiften Richtkoppler verbunden sind. Über diesen werden die Größen b_3 und b_4 von der Leitung kontaktlos zu einem Oszilloskop ausgekoppelt

Das Verfahren kann in drei Schritte unterteilt werden.

Verfahrensschritt 1 Fehlertorbestimmung des Messaufbaus im Frequenzbereich: Zunächst wird in Abschnitt 3.1.1 die Kalibrierung des Messaufbaus im Frequenzbereich beschrieben. Damit wird das Übertragungsverhalten des Richtkopplers bestimmt und der Einfluss der Messaufbaubestandteile.

Verfahrensschritt 2 Bestimmung der Wellengrößen des Messaufbaus im Zeitbereich:
In Abschnitt 3.1.2 wird die Durchführung der Messung im Zeitbereich erläutert, die für die Erfassung der Phasenverschiebung, die sich durch veränderte Lastbedingungen einstellt, notwendig ist. Für diese Messung wird die Anwendung der Frequenzbereichskalibrierung auf Zeitbereichsmessungen beschrieben, mit denen wiederum die Rückwirkung des Messaufbaus auf das Messergebnis erfolgt. Des Weiteren

wird die Transformation der Zeitbereichs-Messergebnisse in den Frequenzbereich angegeben, um die frequenzabhängigen Störungen zu analysieren.

Verfahrensschritt 3 Charakterisierung von passiven und aktiven Leitungsabschlüssen:
Daraufhin wird in Abschnitt 3.1.3 auf die Charakterisierung der Leitungsabschlüsse eingegangen. Dies umfasst sowohl die Bestimmung passiver Leitungsabschlüsse als auch aktiver Leitungsabschlüsse.

3.1.1   Verfahrensschritt 1: Fehlertorbestimmung des Messaufbaus im Frequenzbereich

Das Übertragungsverhalten eines Netzwerkes mit n Toren kann über eine S-Matrix mit n^2 S-Parametern beschrieben werden, wie diejenigen des Richtkopplers im Messaufbau. S-Parametern geben das Übertragungsverhalten durch das Verhältnis

$$S_{ji} = \frac{b_j}{a_i} \tag{3.1}$$

einer an einem Tor eingespeisten Welle

$$a_i = \frac{1}{2}\left(\frac{U_i}{\sqrt{Z_{Kal}}} + I_i\sqrt{Z_{Kal}} \right) \tag{3.2}$$

zu der auf ein Tor zurücklaufenden Welle b_j

$$b_j = \frac{1}{2}\left(\frac{U_j}{\sqrt{Z_{Kal}}} - I_j\sqrt{Z_{Kal}} \right) \tag{3.3}$$

an. Dabei ist Z_{Kal} die Bezugsimpedanz. Die Reflexion wird, für das Beispiel eines Zweitores, mit

$$\gamma = S_{11} + \frac{S_{12}S_{21}}{S_{22}}\Gamma = \frac{Z_l - Z_{Kal}}{Z_l + Z_{Kal}} = \frac{b_1}{a_1} \tag{3.4}$$

vom Abschluss am Leitungsende beeinflusst. Mit bekannten Abschlüssen kann daher die S-Matrix bestimmt werden. Dafür bieten sich drei Fälle an:

- **Anpassung:** $\Gamma_M = 0$, durch die Wahl $Z_L = Z_{Kal}$ wird die eingespeiste Leistung komplett absorbiert.

- **Leerlauf:** $\Gamma_O = 1$, durch die Wahl $Z_L \rightarrow \infty$ ergibt sich Totalreflexion in Phase.
- **Kurzschluss:** $\Gamma_S = -1$, durch die Wahl $Z_L = 0$ ergibt sich Totalreflexion und Phasendrehung um $180°$.

Damit kann durch drei Messungen, mit bekannten und verschiedenen Leitungsab-schlüssen, eine $[2x2]$-S-Matrix, unter der beim Richtkoppler gegebenen Vorausset-zung, dass das Netzwerk reziprok ist, komplett bestimmt werden [30, S. 151]. Der Messaufbau ist in Abbildung 3.2 dargestellt.

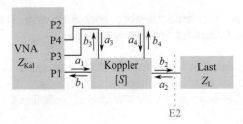

Abbildung 3.2 Messaufbau zur Bestimmung der Fehlerterme der Messanordnung mit Richtkoppler mit OSM Kalibrierung. Verschiedene Kalibrierstandards werden als Z_L an der Kalibrierebene *E2* angeschlossen

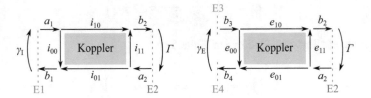

Abbildung 3.3 Zweitore des Richtkopplers nach der Zweitorreduktion

Der hier verwendete Richtkoppler ist ein Viertor mit $n = 4$ und dementsprechend 16 S-Parametern. Generell ist auch die Ausführung eines Richtkopplers mit mehr Messtoren denkbar. Dadurch können beispielsweise Fehler, die durch Messzubehör in die Messung eingebracht werden, korrigiert werden (siehe Kapitel 5).

Da das Viertor des Richtkopplers an den Ebenen *E3* und *E4* durch den VNA und später mit dem Oszilloskop mit

$$Z_{Kal} = Z_{Oszi} = Z_0 = 50 \,\Omega \tag{3.5}$$

abgeschlossen ist, sind diese reflexionsfrei abgeschlossen. In der Hochfrequenz-messtechnik wird in der Regel die Bezugsimpedanz zu 50 Ω gewählt, auch wenn das nicht zwingend der Fall sein muss. Durch die gleiche Bezugsimpedanz kann die Vereinfachung

$$a_3 = a_4 = 0 \tag{3.6}$$

genutzt werden. Des Weiteren wird die auf Ebene $E3$ einfallende Welle als auf das Netzwerk einfallende Welle betrachtet. Damit kann das Viertor nach [40] [41] [42] [43] in zwei Zweitore zerlegt werden. Das Viertor des Richtkopplers kann dadurch mit

$$\begin{bmatrix} b_1 \\ b_2 \end{bmatrix} = \begin{bmatrix} s_{11} & s_{12} \\ s_{21} & s_{22} \end{bmatrix} \begin{bmatrix} a_1 \\ a_2 \end{bmatrix} = \begin{bmatrix} i_{00} & i_{01} \\ i_{10} & i_{11} \end{bmatrix} \begin{bmatrix} a_1 \\ a_2 \end{bmatrix} = [I] \begin{bmatrix} a_1 \\ a_2 \end{bmatrix} \tag{3.7}$$

und

$$\begin{bmatrix} b_4 \\ b_2 \end{bmatrix} = \begin{bmatrix} s_{43} & s_{42} \\ s_{23} & s_{22} \end{bmatrix} \begin{bmatrix} b_3 \\ a_2 \end{bmatrix} = \begin{bmatrix} e_{00} & e_{01} \\ e_{10} & e_{11} \end{bmatrix} \begin{bmatrix} b_3 \\ a_2 \end{bmatrix} = [E] \begin{bmatrix} b_3 \\ a_2 \end{bmatrix} \tag{3.8}$$

beschrieben werden. Der Zusammenhang ist in Abbildung 3.3 visualisiert.

Das Koppelnetzwerk stellt ein Fehlertor dar. Der Fehler, der in die Messung durch das Netzwerk eingebracht wird, muss für die korrekte Ergebnisbestimmung in der Verarbeitung der Messdaten berücksichtigt werden, um korrekte Messer-gebnisse zu erzielen. Für die Fehlertorbestimmung müssen die Streuparameter der Anordnung mit einem VNA gemessen werden. Dieser speist eine Leistung in das System ein und misst Reflexion und Transmission zwischen den Anschlüssen des Richtkopplers. Alternativ kann anstelle eines VNA eine Anordnung aus Oszillo-skop und Generator realisiert werden. Dafür muss ein Signal von einem Generator in das System eingespeist und die Antwort, die aus dem System zurück kommt, mit einem Oszilloskop gemessen werden. Diese Variante wird in dieser Arbeit nicht verwendet, da die Messdynamik dabei schlechter ist und der Messaufbau sehr viel aufwendiger (siehe Kapitel 5). Allerdings kann diese Option in Betracht gezogen werden, falls kein VNA zur Verfügung steht.

Das vollständige Übertragungsverhalten kann mit bekannten Abschlüssen mit

$$\begin{aligned} \Gamma &= \frac{S_{11} - i_{00}}{i_{10}i_{01} + i_{11}(S_{11} - i_{00})} \\ &= \frac{\frac{S_{41}}{S_{31}} - e_{00}}{e_{10}e_{01} + e_{11}\left(\frac{S_{41}}{S_{31}} - e_{00}\right)} \end{aligned} \tag{3.9}$$

bestimmt werden. Als bekannte Abschlüsse werden Leerlauf (Γ_O), Kurzschluss (Γ_S) und Anpassung (Γ_M) genutzt. Die Zweitore werden für die Fehlertorbestimmung nur durch a_1 angeregt. Es werden demnach nur die von a_1 angeregten S-Parameter $S_{x1} = \dfrac{b_x}{a_1}$ verwendet. Für das Fehlerzweitor von $E1$ zu $E2$ ergibt sich

$$i_{00} = S_{11,M} \tag{3.10}$$

$$i_{10}i_{01} = \frac{(\Gamma_O - \Gamma_S)(S_{11,O} - S_{11,M})(S_{11,S} - S_{11,M})}{\Gamma_O \Gamma_S (S_{11,O} - S_{11,S})} \tag{3.11}$$

$$i_{11} = \frac{\Gamma_S(S_{11,O} - S_{11,M}) - \Gamma_O(S_{11,S} - S_{11,M})}{\Gamma_O \Gamma_S (S_{11,O} - S_{11,S})} \tag{3.12}$$

und für das Fehlerzweitor von $E3$ und $E4$ zu $E2$

$$e_{00} = \frac{S_{41,M}}{S_{31,M}} \tag{3.13}$$

$$e_{10}e_{01} = \frac{(\Gamma_O - \Gamma_S)\left(\dfrac{S_{41,O}}{S_{31,O}} - \dfrac{S_{41,M}}{S_{31,M}}\right)\left(\dfrac{S_{41,S}}{S_{31,S}} - \dfrac{S_{41,M}}{S_{31,M}}\right)}{\Gamma_O \Gamma_S \left(\dfrac{S_{41,O}}{S_{31,O}} - \dfrac{S_{41,S}}{S_{31,S}}\right)} \tag{3.14}$$

$$e_{11} = \frac{\Gamma_S \left(\dfrac{S_{41,O}}{S_{31,O}} - \dfrac{S_{41,M}}{S_{31,M}}\right) - \Gamma_O \left(\dfrac{S_{41,S}}{S_{31,S}} - \dfrac{S_{41,M}}{S_{31,M}}\right)}{\Gamma_O \Gamma_S \left(\dfrac{S_{41,O}}{S_{31,O}} - \dfrac{S_{41,S}}{S_{31,S}}\right)}. \tag{3.15}$$

Da das Zweitor von $E1$ zu $E2$ einer Leitung entspricht, kann es als reziprok angenommen werden. Nach [43] können daher mit

$$i_{10} = i_{01} = \pm\sqrt{i_{10}i_{01}}. \tag{3.16}$$

alle Einträge der $[I]$-Matrix bestimmt werden. Das richtige Vorzeichen folgt aus den Abmessungen des Messaufbaus. Eine alternative, phasenrichtige Bestimmung von $[I]$ kann mit einer zusätzlichen Messung des S_{21} oder S_{12} Parameter erfolgen, wie in Abbildung 3.4 dargestellt [35]. Mit dem bekannten Wert für $[I]$ und mit

$$e_{10} = \frac{i_{10}}{S_{31}} \frac{1 - e_{11}\Gamma}{1 - i_{11}\Gamma} \tag{3.17}$$

wird auch die $[E]$-Matrix für das Fehlerzweitor von *E3* und *E4* zu *E2* bestimmt. Falls bei den weiteren Messungen ein weiterer Adapter oder sonstiges zusätzliches Equipment verwendet wird, folgt ein zusätzlicher Fehler in den Messergebnissen, der nicht durch die Kalibrierung berücksichtigt werden kann.

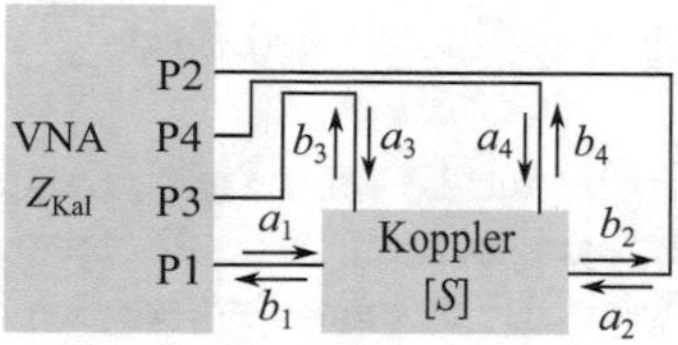

Abbildung 3.4 Messaufbau zur Bestimmung der Fehlerterme der Messanordnung mit Richtkoppler ohne OSM Kalibrierung

3.1.2 Verfahrensschritt 2: Bestimmung der Wellengrößen des Messaufbaus im Zeitbereich

An einem Oszilloskop werden die Spannungen $v_3(t)$ (Ebene *E3*) und $v_4(t)$ (Ebene *E4*) gemessen. Über diese werden nach [30, S. 302] mit der inversen Fourier Transformation (IFFT) die Wellengrößen an den Oszilloskopeingängen

$$b_3[n] = \frac{1}{\sqrt{Z_{Oszi}}} \sum_{k=0}^{N-1} v_3(k\Delta t) e^{-j2\pi \frac{kn}{N}} \tag{3.18}$$

und

$$b_4[n] = \frac{1}{\sqrt{Z_{Oszi}}} \sum_{k=0}^{N-1} v_4(k\Delta t) e^{-j2\pi \frac{kn}{N}} \tag{3.19}$$

im Frequenzbereich bestimmt mit der Anzahl der Messwerte N für

$$n = 0, 1, ..., N - 1 \tag{3.20}$$

und einer äquidistanten Schrittweite Δt.

Mit der Wahl

$$Z_{Kal} = Z_{Oszi} = Z_0 = 50 \ \Omega \tag{3.21}$$

gilt für die Wellengrößen an den Oszilloskopeingängen

$$b_3[n] = \frac{1}{\sqrt{Z_0}} \sum_{k=0}^{N-1} v_3(k\Delta t)e^{-j2\pi \frac{kn}{N}} \tag{3.22}$$

und

$$b_4[n] = \frac{1}{\sqrt{Z_0}} \sum_{k=0}^{N-1} v_4(k\Delta t)e^{-j2\pi \frac{kn}{N}} . \tag{3.23}$$

Im Weiteren Textverlauf wird für die vereinfachte Darstellung der Index $[n]$ vernachlässigt. Da das Übertragungsverhalten des Richtkopplers und die Messwerte b_3 (Ebene $E3$) und b_4 (Ebene $E4$) bekannt sind, werden die Wellengrößen auf der Leitung bestimmt. Über $[E]$ und 3.9 kann die Übertragung von den Ebenen $E3$ und $E4$ zu Ebene $E2$ mit

$$b_2 = \frac{b_3 e_{10}}{1 - e_{11}\Gamma} \tag{3.24}$$

abgeleitet werden. Durch die zusätzliche Messung der von der Ebene $E2$ ausgehenden Welle

$$a_2 = \frac{b_4 - b_3 e_{00}}{e_{01}} \tag{3.25}$$

sind die Wellengrößen an der Kalibrierebene $E2$ komplett bestimmt. Die Wellengrößen folgen über das $[I]$-Fehlerzweitor. Analog zu Gleichung 3.24 wird mit

$$b_2 = \frac{a_1 i_{10}}{1 - i_{11}\Gamma} \tag{3.26}$$

die von Ebene $E1$ ausgehende Welle

$$a_1 = b_2 \frac{1 - \Gamma i_{11}}{i_{10}} \tag{3.27}$$

bestimmt. Über die Reflexion von a_1 an dem Koppelnetzwerk mit i_{00} und der Transmission von a_2 mit i_{10} wird auf die auf die Ebene $E1$ einfallende Welle

$$b_1 = a_1 i_{00} + a_2 i_{01} \tag{3.28}$$

geschlossen.

3.1.3 Verfahrensschritt 3: Charakterisierung von passiven und aktiven Leitungsabschlüssen

Mit der Bestimmung des Übertragungsverhaltens des Koppelnetzwerkes und der Messung der Spannungen an den Ebenen *E3* und *E4* sind die Wellengrößen der Leitung bestimmbar. Damit sind auch die Wellengrößen an den beiden Enden der Leitung bekannt. Durch die Wellengrößen an der Kalibrierebene am DUT können die Spannung und der Strom für den Messwert *n* mit

$$U_2 = \sqrt{Z_{Kal}}(a_2 + b_2) \tag{3.29}$$

und

$$I_2 = \frac{1}{\sqrt{Z_{Kal}}}(a_2 - b_2) \tag{3.30}$$

bestimmt werden. Dabei ist Z_{Kal} die Systemimpedanz, die während der Kalibrierung festgelegt wird. Diese wird gleich der Bezugsimpedanz $Z_{Kal} = Z_0$ gewählt. Es folgen

$$U_2 = \sqrt{Z_0}(a_2 + b_2) \tag{3.31}$$

und

$$I_2 = \frac{1}{\sqrt{Z_0}}(a_2 - b_2). \tag{3.32}$$

Analog können ebenso die Größen

$$U_1 = \sqrt{Z_0}(a_1 + b_1) \tag{3.33}$$

und

$$I_1 = \frac{1}{\sqrt{Z_0}}(a_1 - b_1) \tag{3.34}$$

an der Ebene *E1* bestimmt werden.

Mit diesen Größen für Spannung und Strom kann die Impedanz eines passiven Abschlusses

$$Z_x = \frac{U_x}{I_x} = Z_0 \frac{1 + \dfrac{a_x}{b_x}}{1 - \dfrac{a_x}{b_x}} \tag{3.35}$$

über die Reflexion

$$\Gamma_x = \frac{b_x}{a_x} \tag{3.36}$$

an der Kalibrierebene ermittelt werden. Die passive Impedanz kann sowohl an der Ebene *E1* angeschlossen werden, wodurch sich

$$a_x = a_1 \tag{3.37}$$

und

$$b_x = b_1 \tag{3.38}$$

ergeben, als auch an der Ebene *E2*, wodurch sich

$$a_x = a_2 \tag{3.39}$$

und

$$b_x = b_2 \tag{3.40}$$

ergeben.

Für die Charakterisierung einer ESQ reicht ein bekannter passiver Leitungsabschluss nicht aus, es handelt sich um einen aktiven Leitungsabschluss. Bei einem aktiven Abschluss, der beispielsweise an der Ebene *E2* angeschlossen wird, besteht die Welle a_2 nicht allein aus der Reflexion an der Ebene. Die Störquelle stellt einen aktiven Abschluss dar, wie in Abschnitt 2.3.3 beschrieben. Die von der Kalibrierebene *E2* an der Störquelle ausgehende Leistungswelle a_2 besteht aus der Reflexion $b_2\Gamma_s$ in Überlagerung mit der aus der Quelle eingespeisten Leistung a_0. Die Darstellung der Wellengrößen in Abbildung 3.1 wird um a_0 erweitert zu der Darstellung in Abbildung 3.5.

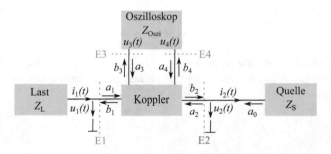

Abbildung 3.5 Messaufbau mit einer aktiven Last an der Ebene *E2* mit der von der Störquelle ausgehenden Leistung a_0

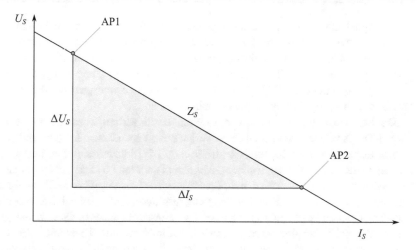

Abbildung 3.6 Zusammenhang von U_s, I_s und Z_s mit den Arbeitspunkten (AP), aus denen ΔU und ΔI berechnet werden

Um die von der Störquelle ausgehende Störgröße a_0 zu ermitteln, muss der Reflexionsfaktor bestimmt werden. Dieser gibt den Anteil der reflektierten Leistung an, der in a_2 enthalten ist und ist abhängig von der Abschlussimpedanz. Die Impedanz Z_s einer ESQ kann wie bei [20] über eine Änderung einer Last bestimmt werden. Für ein an $E2$ angeschlossenes DUT geschieht dies über die Änderung von Spannung und Strom an $E2$. Die Quellimpedanz

$$Z_s = \frac{\Delta U_2}{\Delta I_2} = \frac{U_{2,Lastzustand\,1} - U_{2,Lastzustand\,2}}{I_{2,Lastzustand\,1} - I_{2,Lastzustand\,2}} \tag{3.41}$$

folgt aus den Werten der Spannungsänderung ΔU_2 und der Stromänderung $\wedge I_2$ an der Quelle zwischen zwei Lastzuständen (siehe Abbildung 3.6).

Für den Messaufbau in Abbildung 3.5 entspricht dies dem Anschluss einer Störquelle an der Ebene $E2$ und verschiedenen Lastzuständen an der Ebene $E1$. Das Vorgehen für ein an $E1$ angeschlossenes DUT ist analog mit Änderungen der Spannung ΔU_1 und des Stromes ΔI_1. Die Ebenen, an die der jeweilige Abschluss angeschlossen wird, sind dabei austauschbar. Die Messung der beiden Lastzustände wird nacheinander durchgeführt. Dabei ist es wichtig, dass die Messung im Zeitbereich immer zum gleichen Zeitpunkt im Zyklus des zu messenden Signals durchgeführt wird. Ansonsten kann keine Änderung der Phase festgestellt werden. Daher muss ein

Triggersignal von der Störquelle zum Oszilloskop geführt werden, siehe Abbildung 3.7. Diese Messung muss im Zeitbereich durchgeführt werden, da im Frequenzbereich, beispielsweise mit Spektrumanalysator, nur auf eine bestimmte Frequenz getriggert werden kann. Klarer wird dieser Umstand bei der Überlegung, dass bei der Triggerung auf ein PWM Signal auf eine Impulsbreite getriggert werden muss. Das ist mit einem Spektrumanalysator nicht möglich.

Die Last kann zum einen direkt am Leitungsende variiert werden. Das ist bei einigen DUTs kritisch, wenn sich deren Verhalten mit geändertem Lastzustand verändert. Insbesondere bei leistungselektronischen DUTs ändert sich das Verhalten mit einer Änderung des Lastzustandes. Mit einem anderen Lastzustand ändert sich beispielsweise das Schaltverhalten für die PWM einer Leistungselektronik, weil die Regelung lastabhängig ist. Eine Laständerung resultiert zum Beispiel darin, dass die Regelung einer elektrischen Maschine den Eingangsstrom anpasst, damit eine konstante Drehzahl beibehalten werden kann [6]. Wie in Abschnitt 2.1.3 erläutert, ändert sich dadurch das Störverhalten. Indem nur die Last für den hochfrequenten Bereich verändert wird, kann dennoch Z_s bestimmt werden, ohne die Störcharakteristik des DUTs zu beeinflussen. Das kann durch die Integration des Messverfahrens in den CISPR 25 [16] Messaufbau für die Bestimmung leitungsgebundener Störungen erreicht werden. Mit diesem kann das DUT über ein LISN von einer DC-Quelle versorgt werden. Der Messport, der in der CISPR Messumgebung für das Messgerät vorgesehen ist, kann als Kalibrierebene verwendet und eine Laständerung dort eingestellt werden. Der Aufbau ist in Abbildung 3.7 skizziert.

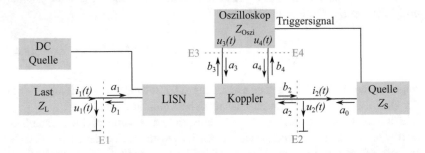

Abbildung 3.7 Messaufbau mit LISN für die Variation der Last für den hochfrequenten Lastanteil

Mit einer bekannten Impedanz Z_s der ESQ kann auch die von der Störquelle ausgehende Leistung bestimmt werden. Die auf die Kalibrierebene am DUT zulaufende Welle b_2 wird, abhängig von Z_s, mit

$$\Gamma_s = \frac{Z_s - Z_0}{Z_s + Z_0} \tag{3.42}$$

reflektiert. Die von der Störquelle ausgehende Leistungswelle

$$a_0 = a_2 - b_2 \Gamma_s \tag{3.43}$$

kann bestimmt werden, indem von der gemessenen Größe a_2 der reflektierte Teil von b_2 subtrahiert wird. Mit Z_s und a_0 sind alle Größen, die für die Bestimmung einer ESQ benötigt werden, bekannt. Ein beliebiges Impedanznetzwerk kann nun mit a_0 angeregt werden. Außerdem können mit a_0 und Z_S die Quellspannung

$$U_s = \sqrt{Z_s} a_0 \tag{3.44}$$

und der Quellstrom

$$I_s = \frac{1}{\sqrt{Z_s}} a_0 \tag{3.45}$$

angegeben werden.

Für einen beliebigen Abschluss lässt sich mit einer bekannten ESQ die Leistung, die am entgegengesetzten Leitungsende absorbiert, beziehungsweise reflektiert wird, berechnen. Für die Bestimmung des Übertragungsverhaltens einer Anregung eines Netzwerkes mit a_0 muss die Streumatrix des Koppelpfades und die Abschlussimpedanz bekannt sein. Angenommen sei ein Netzwerk mit dem Übertragungsverhalten

$$\begin{bmatrix} b_1 \\ b_2 \end{bmatrix} = \begin{bmatrix} x_{00} & x_{01} \\ x_{10} & x_{11} \end{bmatrix} \begin{bmatrix} a_1 \\ a_2 \end{bmatrix} = [X] \begin{bmatrix} a_1 \\ a_2 \end{bmatrix}, \tag{3.46}$$

das durch die Streumatrix $[X]$ beschrieben wird. Abgeschlossen wird dieses Netzwerk mit der Impedanz Z_L und dem Reflexionsfaktor

$$\Gamma_L = \frac{Z_L - Z_0}{Z_L + Z_0}. \tag{3.47}$$

Mit im System auftretenden Mehrfachreflexionen entspricht die auf den Leitungsabschluss einfallende Störleistung

$$b_1 = a_0 x_{01} \qquad\qquad (3.48)$$
$$+ a_0 x_{01} \Gamma_L x_{10} \Gamma_s x_{01}$$
$$+ a_0 x_{01} \Gamma_L x_{10} \Gamma_s x_{01} \Gamma_L x_{10} \Gamma_s x_{01}$$
$$+ \ldots$$

Analog zu den Ausführungen in Abschnitt 2.3.3 kann diese Gleichung für b_1 mit einer geometrischen Reihe zu

$$b_1 = a_0 x_{01} (1 + \Gamma_L x_{10} \Gamma_s x_{01} + (\Gamma_L x_{10} \Gamma_s x_{01})^2 + \ldots) \qquad (3.49)$$
$$= a_0 x_{01} \left(1 + \frac{\Gamma_L x_{10} \Gamma_s x_{01}}{1 - \Gamma_L x_{10} \Gamma_s x_{01}} \right)$$

vereinfacht werden [4, S. 19]. Die Leistung, die am Abschluss anliegt, entspricht

$$P_{term} = a_2^2 + b_2^2 \qquad\qquad (3.50)$$

wobei

$$b_L = b_2 - a_2 \qquad\qquad (3.51)$$

vom Abschluss absorbiert wird.

3.1.4 Zusammenfassung

Das Verfahren beinhaltet zusammengefasst die folgenden Schritte.

Verfahrensschritt 1

1. TOSM Kalibrierung des VNA, um die Kalibrierebene des VNA auf die Kabelenden zu legen. An diesen liegt ebenfalls die Kalibrierebene für die Zeitbereichsmessungen mit dem Oszilloskop.
2. Verbinden des Koppelnetzwerkes mit dem VNA. Die Ebenen *E3* und *E4* werden mit den auskoppelnden Anschlüssen verbunden. Der Port *E1* wird zum Einkoppeln für die OSM Kalibrierung genutzt. Der Port *E2* wird genutzt um die Abschlüsse für die OSM-Kalibrierung anzuschließen beziehungsweise als weiterer Einspeiseport für die Messung der Transmission von *E2* zu *E1* S_{12}.

3. Kalibrierung des Koppelnetzwerkes über eine OSM Kalibrierung oder eine Kalibrierung mit einer Transmissionsmessung S_{12}.
4. Berechnung der $[I]$ und $[E]$ Matrix aus den Kalibriermesswerten

Verfahrensschritt 2

5. Verbinden des Koppelnetzwerkes mit dem Oszilloskop an den Ebenen $E3$ und $E4$ anstelle des VNA und anschließen der Last und der Quelle an den Ebenen $E1$ und $E2$.
6. Verbinden eines Triggersignals, zum Beispiel das PWM-Signal des DUT.
7. Messung der Zeitbereichswerte u_3 und u_4 bei verschiedenen Lastzuständen.
8. Berechnung der Wellengrößen b_3, b_4, a_1, b_1, a_2 und b_2 im Netzwerk mit dem zuvor bestimmten Übertragungsverhalten des Koppelnetzwerkes in Form der Matrizen $[E]$ und $[I]$.

Verfahrensschritt 3

9. Berechnung der Quellimpedanz Z_s über die Änderung des Stroms und der Spannung an den Leitungsenden.
10. Bestimmung der Störquellenleistung a_0, die das untersuchte Netzwerk anregt.
11. Gegebenenfalls Bestimmung der Anregung eines Netzwerkes mit einem anderen Leitungsabschluss.

3.2 Einflussfaktoren auf die Genauigkeit des Messverfahrens

Um die Grenzen des in Abschnitt 3.1 beschriebenen Verfahrens zur kontaktlosen Charakterisierung von elektronischen Komponenten zu erfassen, müssen die limitierenden Randbedingungen bekannt sein. Diese hängen von den Verfahrensschritten und Bestandteilen des Messaufbaus ab. Dafür können generelle Anforderungen aus Abschnitt 3.1 definiert werden. Die Grenzen sind zum einen durch die Frequenz- und Leistungsbereiche festgelegt, in denen die Kopplung und Richtwirkung des Richtkopplers die Anforderungen erfüllt. Zum anderen hängen sie von den erzielbaren Messgenauigkeiten der Messgeräte selbst ab. Bei dem Zusammenspiel der Einflussfaktoren ist die Messdynamik das ausschlaggebende Kriterium. Sie wird anhand des Signal-Rausch-Verhältnisses

$$SNR = 10log\left(\frac{P_{signal}}{P_{noise}}\right) \qquad (3.52)$$

aus Signalleistung P_{signal} und Rauschleistung P_{noise} spezifiziert. Die Signalleistung P_{signal} legt die obere Grenze für das Verfahren fest. Limitierend ist die vom gemessenen DUT ausgehende Leistung sowie die Leistung, die an den Messgeräten anliegen darf, ohne diesen zu schaden. Die Rauschleistung P_{noise} legt die untere Grenze für das Verfahren fest. Bei den Versuchen, die im Rahmen dieser Arbeit analysiert werden, ist P_{noise} frequenzunabhängig und kann daher als thermisches Rauschen

$$P_{noise} = k_B T f_{BW} \qquad (3.53)$$

mit der Boltzmann-Konstante k_B, Temperatur T und Bandbreite f_{BW} beschrieben werden. Sobald P_{signal} größer als P_{noise} ist, kann ein Signal von einem Messgerät gemessen werden [25, S. 496]. Einflussfaktoren sind dabei

- die Signalleistung auf der Leitung,
- die Kopplung von der Leitung zu den Messstellen über den Richtkoppler,
- sowie die Messdynamik der Messgeräte.

Im Folgenden wird auf die Anforderungen der Verfahrensschritte und die Bestandteile des Messaufbaus eingegangen. Damit diese optimal an die Messaufgabe angepasst werden, werden die erforderlichen Eigenschaften, entsprechend den Einflussgrößen in Abschnitt 3.2.1, definiert. In Abschnitt 3.2.2 werden die Erwartungen, die an den VNA für die Kalibrierung gestellt werden, angegeben. Abschließend wird auf die Anforderungen an die Zeitbereichsmessung mit dem Oszilloskop in Abschnitt 3.2.3 eingegangen.

3.2.1 Einflussfaktoren der Richtkopplereigenschaften auf die Messungen

Die Eigenschaften des Richtkopplers dominieren die des gesamten Messaufbaus und bestimmen damit die messtechnischen Grenzen. Dies soll im Folgenden im Detail analysiert werden. Der Richtkoppler hat zwei Anschlüsse und die Leitung, die das DUT mit der versorgenden Quelle verbindet, ist durch ihn gelegt (siehe Abbildung 3.8). Es folgt eine genauere Beschreibung des in dieser Arbeit verwendeten Richtkopplers in Abschnitt 3.3.

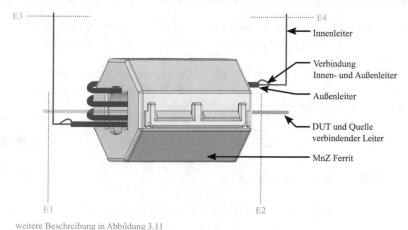

weitere Beschreibung in Abbildung 3.11

Abbildung 3.8 Im Rahmen der Arbeit entwickelter und verwendeter Koppler im geschlossenen Zustand mit Klappferrit 0431176451 der Firma FAIR-RITE [8] sowie Koaxialleitung und Leitung, die durch den Koppler geführt wird und die Leitung darstellt, die das DUT mit der versorgenden Quelle verbindet. Die Ebenen *E1* bis *E4* entsprechen den Ebenen mit gleicher Bezeichnung in den vorangegangenen Abschnitten und in Abbildung 3.5. Koppler im Querschnitt in Abbildung 3.11

Der Richtkoppler muss zum einen eine geringe Rückwirkung auf das Messsystem haben. Zum anderen sind die Größen b_3 und b_4 ein großer Einflussfaktor. Diese müssen unabhängig voneinander sein, damit die hin- und rücklaufenden Wellen auf der Leitung voneinander getrennt werden können. Der Richtkoppler muss eine Richtwirkung aufweisen. Die Größen, nach denen [25, S. 322] die Arbeitsweise eines Richtkopplers beurteilt wird, sind die folgenden.

- **Einfügedämpfung**: Anteil der Leistung, die nach Einspeisung einer Leistung an der Ebene *E1* an *E2* ankommt, nachdem ein Teil der Leistung zu *E3* und *E4* ausgekoppelt wurde beziehungsweise durch den Richtkoppler gedämpft wurde.
- **Kopplung**: Anteil der Leistung, die bei Einkopplung einer Leistung an einem Einspeiseport (hier *E1* und *E2*) an einen Messport (hier *E3* und *E4*) ausgekoppelt wird.
- **Isolation**: Maß für die an den nicht gekoppelten Port unbeabsichtigt ausgekoppelte Leistung.
- **Direktivität**: Fähigkeit eines Richtkopplers, eine auf der Leitung hin- und rücklaufende Welle voneinander zu trennen.

Die messbaren Größen, aus denen diese Eigenschaften bewertet werden können, sind dabei zum einen die $[I]$-Matrix, die $[E]$-Matrix und die Streuparameter des Koppelnetzwerkes.

Die Einfügedämpfung beschreibt die Dämpfung der Übertragung von $E1$ zu $E2$ und in anderer Richtung, von $E2$ zu $E1$. Nach [30, S. 7 f] gilt für eine verlustbehaftete Leitung mit reflexionsfreiem Leitungsabschluss

$$S_{12} = S_{21} = i_{01} = i_{10} = \frac{2}{e^{\gamma l}}. \tag{3.54}$$

Für die Ausbreitungskonstante gilt

$$\gamma = \alpha + j\beta = R'G' + L'C' + j\omega(L'G' + C'R') \tag{3.55}$$

wobei α die Dämpfungskonstante ist. Die Einfügedämpfung

$$a_I = -20 \cdot log|S_{12}| = -20 \cdot log\left|\frac{2}{e^{\gamma l}}\right| \tag{3.56}$$

wird als Maß für die Rückwirkung eines Richtkopplers auf das Messsystem genutzt [30, S. 3]. Bei einer kontaktlosen Kopplung ist in erster Linie ein Einfluss des Richtkopplers auf den kapazitiven Leitungsbelag C' sowie den induktiven Leitungsbelag L' zu erwarten. Durch den Leitungswiderstand, der die Leitung zwischen $E1$ und $E2$ charakterisiert, ist in a_I auch ein Einfluss durch R' enthalten. Dieser ist zwar Bestandteil der Kalibrierung, allerdings kein Bestandteil des eigentlichen Richtkopplers, sondern eine Eigenschaft der Leitung, die auch ohne das Messverfahren vorhanden ist. Daher soll nicht weiter auf den Einfluss von R' eingegangen werden. Für einen Einfluss auf G' wäre eine galvanische Verbindung zwischen Koppler und Leitung nötig, was als vernachlässigbar angenommen werden kann.

Damit ein Signal an Ebene $E3$ und $E4$ messbar ist, muss die Signalstärke größer als das Rauschen an dem VNA bei der Kalibrierung, beziehungsweise beim Oszilloskop bei der Zeitbereichsmessung, sein. Je größer ein Signal ist, das an $E1$ oder $E2$ das Netzwerk anregt, desto größer ist auch das an $E3$ und $E4$ messbare Signal. Neben der Signalstärke ist die Kopplung ein entscheidender Faktor. Die Kopplung (C) von $E1$ zu $E3$ ist über den Koppelfaktor

$$Kopplung = -20 \cdot log(|S_{31}|) \text{ dB} \tag{3.57}$$

definiert. Die Isolation von $E1$ zu $E4$ ist mit

$$Isolation = -20 \cdot log(|S_{41}|) \text{ dB} \qquad (3.58)$$

gegeben.
Die Direktivität

$$Direktivität = 20 \cdot log\left(\frac{|S_{31}|}{|S_{41}|}\right) \text{ dB} \qquad (3.59)$$

gibt an, wie gut hin- und rücklaufende Welle voneinander getrennt werden und kann aus dem Verhältnis der Kopplung zu der Isolation bestimmt werden. Je größer die Direktivität ist, desto kleiner ist der zu erwartende Messfehler [43]. Über einen kontaktlosen Richtkoppler wird nur kapazitiv und induktiv gekoppelt. Je besser die Kopplung desto größer das messbare Signal, das an den Ebenen *E3* und *E4* anliegt. Je nach Messdynamik des Messgerätes und der Leistung auf der Leitung muss die Kopplung ausreichen, um ein fehlerfreies Signal zu messen. Aufgrund des negativen Einflusses einer guten Kopplung auf a_I, durch die Dämpfung der Übertragung von *E1* zu *E2*, muss daher ein Optimum zwischen Kopplung und a_I gefunden werden.

Für eine gute Kalibrierung muss zudem die Direktivität nach 3.59 möglichst klein sein [30, S. 66]. Das heißt, dass die beiden Werte sich für jeden Messpunkt möglichst gut unterscheiden müssen. Je besser sich die Werte in Amplitude und Phase unterscheiden, desto eindeutiger sind die Lösungen der Gleichungen 3.13 bis 3.15. Das bedeutet, dass auch kleine Veränderungen der Abschlussimpedanz nach einer Kalibrierung zuverlässig bestimmt werden können.

3.2.2 Einflussfaktoren auf die Fehlertorcharakterisierung im Frequenzbereich

Ein VNA wird für die Kalibrierung des Messaufbaus verwendet. Mit einem VNA kann eine vektorielle Bestimmung des Übertragungsverhaltens eines Netzwerkes über einen weiten Frequenzbereich durchgeführt werden, also die Bestimmung der S-Parameter nach Betrag und Phase [30, S. 142].

Bevor der Messaufbau mit dem VNA kalibriert werden kann, muss der VNA selbst kalibriert werden. Dafür wird eine TOSM Kalibrierung nach [30, S. 147] durchgeführt mit folgenden koaxialen Kalibrierstandards:

- T: Durchverbindung oder Transmission (*engl.: through*)
- O: Leerlauf Abschluss (*engl.: open*)
- S: Kurzschluss Abschluss (*engl.: short*)
- M: Reflexionsfreier Abschluss (*engl.: match*) üblicherweise 50 Ω

Um eine T Verbindung zu realisieren müssen, zusätzliche Kabel an den VNA angebracht werden, damit die Anschlüsse des Messaufbaus erreicht werden. Dabei wird
die Kalibrierebene des VNA auf das Ende der Kabel, die für die Kalibrierung verwendet werden, verschoben. Die Qualität einer Kalibrierung wird schlechter, wenn
sich die Konstellation, für die die Kalibrierung durchgeführt wurde, ändert. Zum
Beispiel verändern sich die Eigenschaften einer Leitung, wenn die Lage verändert
wird. Daher ist darauf zu achten, dass die Kabel für diesen ersten Kalibrierschritt so
kurz wie möglich gehalten werden. Allerdings sollte sich bei phasenstarren Koaxi-
alkabeln kein großer Einfluss ergeben. Für die weitere Messung müssen die Einstellungen wie Bandbreite f_{BW}, Anzahl der Messpunkte NOP und Leistung des VNA
mit Bedacht gewählt werden.

Die Messdynamik eines VNA wird maßgeblich von der eingestellten Messband-
breite f_{BW} beeinflusst. Bei der Messung eines Signals wird das zu messende Signal
zunächst bandpassgefiltert und daraufhin abgetastet. Je schmaler die Bandbreite des
Bandpassfilters gewählt wird, umso genauer wird ein gemessenes Signal aufgelöst.
Je kleiner f_{BW} gewählt wird, desto größer wird das SNR und desto größer wird die
Messdynamik. Allerdings wird die Einschwingzeit für den Bandpassfilter mit einer
geringeren Bandbreite größer, wodurch sich die Zeit, die für eine Messung benötigt
wird, erhöht [1, S. 399] [30, S. 142]. Die Zahl der Messpunkte NOP ist optimal,
wenn

$$NOP = \frac{f_{max}}{f_{BW}} \tag{3.60}$$

erfüllt ist. Daher bedingt eine kleine f_{BW} ein großes NOP. Jedoch werden die
Messdateien mit steigendem NOP immer größer und die Datenverarbeitung erfordert einen erhöhten Rechenaufwand.

Die Wahl des Frequenzbereichs wird nach dem Bereich getroffen, der für die
Untersuchungen interessant ist. Im Rahmen dieser Arbeit wird vor allem die leitungsgebundene Störaussendung bei Kraftfahrzeugen im Bereich von $f_{min} = $
150 kHz bis $f_{max} = $ 108 MHz näher betrachtet [16]. Um die Grenzen des Verfahrens zu analysieren, wird bei einigen Messungen f_{max} höher gewählt. Eine Einschränkung von f_{min} entsteht dadurch, dass der für diese Arbeit zur Verfügung
stehende VNA ZVA8 von ROHDE & SCHWARZ ein $f_{min} = $ 300 kHz aufweist [1].

Mit dem Messverfahren sollen sowohl passive als auch aktive Abschlüsse charakterisiert werden. Diese werden über eine Änderung der gemessenen Reflexion
nach Gleichung 3.9 ermittelt. Impedanzen, für die sich Γ bei zwei Lastzuständen
deutlich verändert, sind gut zu berechnen. Das bedeutet, dass Impedanzen die im
Bereich von $Z_0 = $ 50 Ω, der Bezugsimpedanz des VNA liegen, besonders gut
bestimmt werden können. Für Impedanzen, die näher an einem Kurzschluss oder
Leerlauf liegen, wird die Charakterisierung der Abschlussimpedanz ungenauer.

3.2.3   Einflussfaktoren auf die Messung der Leitungsgrößen im Zeitbereich

Für die Messungen der Größen $u_3(t)$ und $u_4(t)$, entsprechend Abbildung 3.5 und 3.7, wird im Zeitbereich ein Oszilloskop verwendet.

Für die Eingangsimpedanz des in dieser Arbeit verwendeten Oszilloskops kann wahlweise 50 Ω und 1 MΩ gewählt werden [2]. Wie in Abschnitt 3.1 erläutert, muss für die Anwendung der Kalibrierung mit dem VNA eine reflexionsfreie Eingangsimpedanz entsprechend 50 Ω gewählt werden. Die Abtastfrequenz ist die maximal erfasste Frequenz. Sie bestimmt die Anzahl der erfassten Messpunkte, die Stützstellen der FFT und die Anzahl der Messwerte N. Für die Wahl der Abtastfrequenz f_s muss Unterabtastung vermieden werden, bei Unterabtastung kommt es zu Aliasing. Das zu messende periodische Signal wird mit zu wenig Messpunkten abgetastet, sodass das ursprüngliche Signal im Zeitbereich nicht mehr aus dem transformierten Signal rekonstruiert werden kann. Dabei überlappen sich die Spektren der abgetasteten Signale. Das ist der Fall, wenn die Abtastfrequenz

$$f_s < 2BW \tag{3.61}$$

kleiner als das Doppelte der Bandbreite (BW) der in dem abgetasteten Signal beinhalteten periodischen Signale ist, beziehungsweise der BW, die in der Messaufgabe erfasst werden soll [23]. Entsprechend des Abtasttheorems nach Nyquist-Shannon gilt daher

$$f_s > 2BW = \frac{1}{2\Delta t} = \frac{N}{2T} \tag{3.62}$$

[30, S. 271] [23]. Der für die leitungsgebundenen Störaussendungen in dem, entsprechend der Empfehlung in [16], betrachteten Frequenzbereich ist 150 kHz bis 108MHz. Für die Messaufgaben im Rahmen dieser Arbeit wird daher die Bandbreite

$$BW = 108\,\text{MHz} - 150\,\text{kHz} = 107,85\,\text{MHz} \tag{3.63}$$

verwendet. Praktisch kann also für die Erfüllung des Nyquist-Shannon-Abtasttheorems

$$f_s > 2BW \approx 2 \cdot 108\,\text{MHz} = 215,7\,\text{MHz} \tag{3.64}$$

mit der maximal betrachteten Frequenz angenommen werden.

Mit einem größeren f_s wird ein Signal überabgetastet. Mit einer Überabtastung können Fehler eines transformierten Signals reduziert werden. Fehler entstehen, wenn f_s kein Vielfaches der Frequenz des abgetasteten Signals ist, da eine DFT oder FFT ein periodisches Signal voraussetzt. Dazu kommt es wenn die Frequenzen, die in dem abgetasteten Signal enthalten sind, nicht bekannt sind und f_s nicht darauf abgestimmt werden kann oder wenn Signale unterschiedlicher Frequenz enthalten sind. Wenn keine vollständige Periode im abgetasteten Signal enthalten ist, kommt es zu Leckeffekten [23, S. 188]. Je größer f_s desto geringer ist der Einfluss, der durch den Leckeffekt entsteht, da mehr vollständige Perioden in dem abgetasteten Signal enthalten sind. Damit wird die Unsicherheit des Messergebnisses kleiner. Für große f_s konvergiert der Fehler gegen einen festen Wert und eine weitere Erhöhung von f_s bringt keinen weiteren Vorteil [22]. Ein weiterer Einflussfaktor auf den Messfehler ist das SNR aus Gleichung 3.52. Nach der FFT entspricht f_s der Bandbreite f_{BW} aus Gleichung 3.53 mit dem P_{noise} gemessen wird. Dementsprechend wirkt sich ein großes f_s ebenfalls positiv auf das SNR aus. Ein großes f_s führt allerdings zu einem Anstieg des benötigten Speicherplatzes, da mehr Messpunkte erfasst werden. Dadurch wird die Rechenzeit für die Verarbeitung von Messdaten erhöht. Zwischen Messfehler und Datenmenge muss ein Kompromiss gefunden werden. Eine weitere Reduzierung des Messfehlers aufgrund von Leckeffekten kann durch die Datenverarbeitung erreicht werden. Dafür wird bei Bedarf eine Fensterfunktion auf das Messsignal angewendet [23].

Für eine detaillierte Beschreibung der Einflussfaktoren der FFT sei an dieser Stelle auf das Lehrbuch [23] verwiesen und für eine detaillierte Analyse auf die Arbeit [22].

3.2.4 Zusammenfassung

Die Grenzen des Messverfahrens ergeben sich aus den folgenden Eigenschaften:

Eigenschaften des Richtkopplers:

- Kopplung: Begrenzung einerseits durch das Rauschen am Messgerät und dem Signalpegel, andererseits durch die Einfügedämpfung a_I, die zwar das Signal auf der Leitung dämpft, jedoch die Kopplung erhöht, wodurch auch kleine Signale nicht im Rauschen der Messgeräte untergehen.
- Die Richtwirkung des Richtkopplers bestimmt die Trennschärfe der Größen S_{31} und S_{41}. Damit können hin- und rücklaufende Welle auf der Leitung klar voneinander unterschieden werden.
- Die Grenzen für den messbaren Frequenzbereich werden durch die untere Grenzfrequenz f_{gu} und die obere Grenzfrequenz f_{go} bestimmt, die wiederum von der Länge des Richtkopplers abhängen.

Eigenschaften der Frequenzbereichsmessungen:

- Je kleiner f_{BW} gewählt wird, desto größer wird das SNR und desto kleiner kann ein Signal sein, das gemessen werden soll.
- Die Anzahl der NOP ist einerseits durch die Genauigkeit der Messung und andererseits durch die Dateigröße begrenzt.

Eigenschaften der Zeitbereichsmessung:

- Die Eingangsimpedanz des Oszilloskops muss zuverlässig einen reflexionsfreien Abschluss, in dieser Arbeit 50 Ω, darstellen.
- Bei der Wahl der Abtastfrequenz f_s muss zwischen einem geringeren Messfehler bei hohem f_s und kleinen Datenmengen zu Gunsten einer schnellen Datenverarbeitung bei kleinem f_s abgewogen werden.
- Das SNR muss auf die Amplitude des zu messenden Signals angepasst sein. Dazu muss, falls das Rauschen des Oszilloskops nicht weiter reduziert werden kann, die Kopplung des Richtkopplers erhöht werden. Zum Beispiel durch eine Änderung der geometrischen Abmessungen oder Änderung der Materialien.

3.3 Analyse der Eigenschaften des Messaufbaus

Um die in Abschnitt 3.2 definierten Einflussfaktoren zu bewerten, wird ein Referenzaufbau untersucht.

Zunächst werden in Abschnitt 3.3.1 die Grenzen des verwendeten Richtkopplers bestimmt. Daraufhin werden mit dem untersuchten Richtkoppler die Zuverlässigkeit und die Grenzen der Kalibrierung im Frequenzbereich in Abschnitt 3.3.2 analysiert. Abschließend wird in Abschnitt 3.3.3 untersucht, wie die Zuverlässigkeit der Messungen mit den Einflussfaktoren für die Zeitbereichsmessung weiter optimiert werden kann.

Für die Referenzmessungen werden die VNA Einstellungen in Tabelle 3.1 verwendet. Für die Messungen im Zeitbereich werden die Einstellungen in Tabelle 3.2 genutzt. Die Messdaten werden mit der Software MATLAB verarbeitet und dargestellt [34].

Für die Messung der Richtkopplereigenschaften wird der Messaufbau in Abbildung 3.9 verwendet. Um die Eigenschaft des Richtkopplers zu bestimmen erfolgen die Messabgriffe des VNA möglichst nah am Koppler.

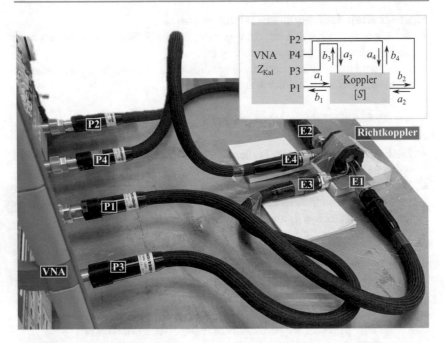

Abbildung 3.9 Foto des Messaufbaus zur Bestimmung der Fehlerterme der Messanordnung mit Richtkoppler. Mit den Ebenen *E1* bis *E4* entsprechend der vorangegangenen Abschnitte und den VNA Anschlüssen *P1* bis *P4*

Tabelle 3.1 VNA Einstellungen für die Bestimmung der Eigenschaften des Referenz-messaufbaus

NOP	100
BW	1 kHz
Pegel	0 dBm
Frequenzbereich	$f_{min} = 1$ MHz bis $f_{max} = 108$ MHz

3.3.1   Eigenschaften des Richtkopplers

Die Eigenschaften und Grenzen des verwendeten Richtkopplers werden nach den in Abschnitt 3.2.1 definierten Kriterien beurteilt. Für die Versuche in dieser Arbeit wird ein selbstkonstruierter kontaktloser Richtkoppler verwendet, dieser ist in Abbildung 3.10 zusehen. Dieser besteht aus einem Ferritkern, der um die Leitung gelegt wird, die die Ebene *E1* und *E2* verbindet. Der Kern ist ein Klappferrit der Firma FAIR-

Tabelle 3.2 Oszilloskop Einstellungen für die Bestimmung der Eigenschaften des Referenz-
messaufbaus

Modell	TELEDYNE Waverunner 9854M
Zeit T	100 μs
f_s	20 GHz

RITE mit der Bezeichnung 0431176451 [8]. Um diesen Kern ist eine Semirigid-
Koaxialleitung mit 3 Windungen gewickelt. Über die Wicklung erhält der Richtkoppler eine induktive Kopplung. Weiter wird die Koaxialleitung in der Mitte aufgetrennt und der Schirm an den Anschlüssen der Ebenen *E3* und *E4* an den Innenleiter
gelötet, wie in Abbildung 3.11 dargestellt. Zusätzlich ist der Außenleiter mittig
unterbrochen. Dadurch wird unter anderem die kapazitive Kopplung erhöht. Durch
die Kombination aus kapazitiver und induktiver Kopplung wird der nutzbare Frequenzbereich des Richtkopplers erhöht. Bei niedrigen Frequenzen dominiert die
induktive Kopplung und bei hohen Frequenzen die kapazitive Kopplung.

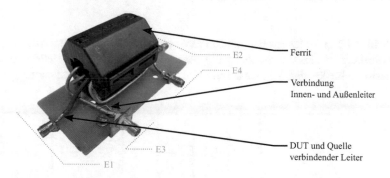

Abbildung 3.10 Foto des im Rahmen der Arbeit entwickelten und verwendeten Richtkopplers mit Klappferrit 0431176451 der Firma FAIR-RITE [8] sowie Koaxialleiter

Direktivität Im vorangegangenen Kapitel wurde die Bedeutung der Direktivität, in
Bezug auf die Messungen in dieser Arbeit, herausgearbeitet. In Abbildung 3.12 sind
die Transmissionsmessungen S_{31} und S_{41} dargestellt. Die Direktivität entspricht der
Differenz der beiden Streuparameter nach Gleichung 3.59. Die Transmissionswerte
zeigen ein Richtkopplerverhalten. Die Direktivität ist bei niedrigen Frequenzen am
größten und nimmt mit steigender Frequenz ab. Die Werte unterscheiden sich im für
leitungsgebundene Störaussendungen relevanten Frequenzbereich um mindestens

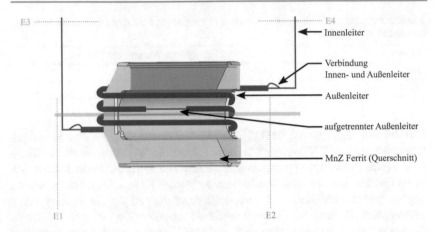

Abbildung 3.11 Im Rahmen der Arbeit entwickelter und verwendeter Koppler im Querschnitt mit Klappferrit 0431176451 der Firma FAIR-Rite [8] sowie Koaxialleiter. Der Außenleiter ist in der Mitte aufgetrennt. An den Ausgängen ist der Außenleiter auf den Innenleiter gelötet um eine leitende Verbindung herzustellen

3, 6 dB bei 108 MHz. Für den größten Teil beträgt die Direktivität 5 dB. Für die Anwendung ist dies ein ausreichend großer Wert da dieser sicherstellt, dass die Messwerte für S_{31} und S_{41} sich ausreichend gut voneinander unterscheiden.

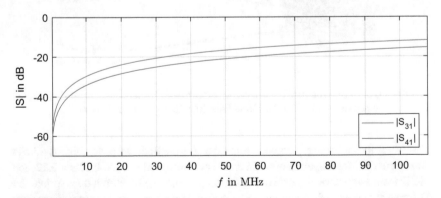

Abbildung 3.12 Transmissionsfaktor des Richtkopplers von *E1* zu *E3* S_{31} (blau) und von *E1* zu *E4* S_{41} (rot)

Einfügedämpfung Als weiteres Bewertungskriterium des Richtkopplers wurde in Abschnitt 3.2.1 die Einfügedämpfung a_I definiert. Diese beschreibt die Dämpfung, die der Richtkoppler in das zu messende System einbringt. Damit wird die Rückwirkung des Richtkopplers auf das Messsystem beschrieben. Die Einfügedämpfung a_I des hier verwendeten Richtkopplers ist in Abbildung 3.13 abgebildet. Die Einfügedämpfung entspricht der Dämpfung über den Signalpfad von Ebene $E1$ zu $E2$. Diese entspricht dem Wert i_{01}. Da es sich bei diesem Übertragungsweg um ein reziprokes Netzwerk handelt, entspricht dies ebenfalls dem Wert für i_{10}. Die Einfügedämpfung des Richtkopplers, beziehungsweise des Ferritmaterials, wird mit steigender Frequenz immer größer. Der Einfluss des Ferrits auf das Übertragungsverhalten i_{01} kann mit

$$i_{01} = \frac{2Z_{Leitung}}{2Z_{Leitung} + Z_I} \qquad (3.65)$$

ebenfalls über die Einfügeimpedanz Z_I beschrieben werden. Mit einer kleinen Permittivität ε trägt der Ferrit dominant induktive Anteile mit $L \sim \mu = \mu' - j\mu''$ zu Z_I bei. Es folgt daher

$$Z_I = j\omega L = \omega L'' + j\omega L'. \qquad (3.66)$$

Der Realteil $\omega L''$ beschreibt den Anteil der ohmschen Verluste an a_I. Der Imaginärteil $j\omega L'$ die Reaktanz [17, S. 38 ff.]. Diese ermöglicht die induktive Kopplung des Richtkopplers und die Auskopplung von Leistung zum Oszilloskop.

Um die Rückwirkung des Richtkopplers auf das System niedrig zu halten, sollte die Einfügedämpfung so gering wie möglich sein. Der die ohmschen Verluste beschreibende Realteil sollte so klein wie möglich sein, da er keinen Beitrag zur Anwendung des Richtkopplers beiträgt. Allerdings hängt die Kopplung von der Leitung zu den Ebenen $E3$ und $E4$ von der induktiven Kopplung über den Ferritkern ab. Wie in Abbildung 3.12 gezeigt, geht eine steigende Überkopplung mit der Einfügedämpfung in Abbildung 3.13 einher. Daher muss ein Kompromiss zwischen möglichst großer induktiver Kopplung und möglichst geringer Einfügedämpfung gefunden werden. Dafür wird definiert, wie groß die Kopplung sein muss, um ausreichend gute Ergebnisse zu erzielen. Die notwendige Überkopplung hängt zum einen von den zu erwartenden Störpegeln ab und zum anderen von der Messdynamik der Messgeräte. Für die Kalibrierung ist dies der VNA und für die Zeitbereichsmessung das Oszilloskop.

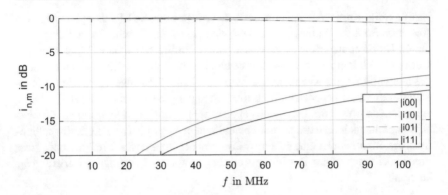

Abbildung 3.13 Streumatrix $[I]$ des Richtkopplers zwischen $E1$ und $E2$

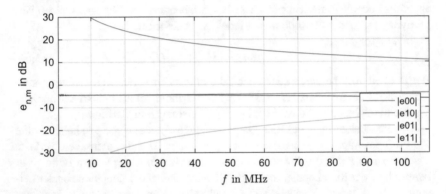

Abbildung 3.14 Streumatrix $[E]$ des Richtkopplers zwischen $E3$ und $E2$ sowie $E4$ und $E2$

3.3.2   Arbeitsbereich der Fehlertorbestimmung im Frequenzbereich

Die Überkopplung, die in Abbildung 3.12 mit den Transmissionsparametern S_{31} und S_{41} angegeben ist, gibt ebenfalls die Anforderung an das Rauschen der Messungen an. Mit dem verwendeten VNA kann eine Messdynamik von mindestens 80 dB und im Idealfall bis zu 100 dB erreicht werden [1]. Damit ist die Messdynamik des VNA ausreichend für das a_I, des im Referenzaufbau verwendeten Richtkopplers. Die maximale Messdynamik gilt bei einer minimalen BW. Je höher die BW desto geringer die Messdynamik. Bei einer sehr kleinen BW wird allerdings auch die Zeit, die für eine Messung benötigt wird, größer.

Für die Anzahl der Messpunkte hat sich NOP= 100 als praktikabel erwiesen. Entsprechend der Zeitbereichsmessung werden die Messwerte interpoliert, damit die Frequenzstützstellen der Zeit- und Frequenzbereichsmessung übereinstimmen. Dafür wird der *interp1()* Befehl von MATLAB verwendet [34]. Dieser arbeitet mit einer Spline-Interpolation mit kubischen Splines die, im Vergleich zu anderen Interpolations- und Ausgleichspolynomen, kein unerwünschtes Oszillieren zeigen [4, S. 1010]. Bei dem Pegel der für die Kalibriermessungen gewählt wird, ist es sinnvoll in dem Bereich der später zu erwartenden Störgrößen zu arbeiten, damit gegebenenfalls auftretende Sättigungseffekte in der Kalibrierung berücksichtigt werden. Praktisch hat sich allerdings in den untersuchten Bereichen kein Einfluss auf das Kalibrierergebnis ergeben.

Stabilität der Kalibrierung Ein wichtiges Kriterium für die Qualität der Messungen ist die Stabilität der Kalibrierung über die gesamte Zeit der Messung. Die Überprüfung der Stabilität der Kalibrierung ist notwendig um auszuschließen, dass Messfehler in späteren Messschritten aufgrund der Kalibrierung auftreten, beziehungsweise um die Größe eines möglichen Messfehlers abzuschätzen. Dazu wird eine Messung im Frequenzbereich mit den gleichen Abschlüssen mehrfach wiederholt. Zunächst wird eine OSM Kalibrierung, wie in Abschnitt 3.1 beschrieben, durchgeführt. Im ersten Schritt wird ein M Kalibrierstandard mit N-Abschluss direkt nach einer OSM Kalibrierung wiederholt gemessen. In einem zweiten Schritt wird die Messung wiederholt, nachdem dieser einmal abgeschraubt wurde. Die Ergebnisse für die Bestimmung des Abschlusses über die Matrix $[I]$ sind in Abbildung 3.15 dargestellt. Da diese praktisch nur die Kalibrierung einer verlustbehafteten Leitung zeigen, sind Ergebnisse mit nur leichter Änderung zu erwarten. Dies ist der best mögliche Fall, mit dem die Bestimmung des Abschlusses über den Richtkoppler verglichen wird. In Abbildung 3.16 sind die Ergebnisse, die mit der $[E]$ Matrix bestimmt wurden, dargestellt. Auch diese Ergebnisse zeigen nur geringe Abweichungen. Die Ergebnisse zeigen insgesamt, dass die Kalibrierung stabil gegen kleine Veränderungen im System ist. Allerdings muss darauf geachtet werden, dass sich keine zu großen Veränderungen im Messaufbau ergeben. Dies kann zum Beispiel durch sich lösende Schraubverbindungen geschehen, die eine nicht in der Kalibrierung berücksichtigte neue Störstelle einbringen. Des Weiteren wurde getestet, wie gut die Kalibrierung bei einer Änderung der Abschlussimpedanz funktioniert. Dabei wurde zum einen ein O Standard und zum anderen ein S Standard wiederholt gemessen, da diese eine maximale Abweichung von Z_0 darstellen. Die Ergebnisse werden in den Abbildungen 3.17 und Abbildung 3.18 gezeigt. Beide Ergebnisse zeigen nur geringe Abweichungen in den Erwartungswerten. Hin zu niedrigeren Frequenzen wird der Fehler bei den mit $[E]$ bestimmten Abschlüssen größer. Dies ist auf die geringere Kopplung bei diesen Frequenzen, die in Abbildung 3.12 gezeigt wird, zurückzuführen. Eine schlechtere Kopplung über $[E]$ ist zu erwarten da die Kopplung, im Gegensatz zu der Kopplung über $[I]$, nicht galvanisch ist.

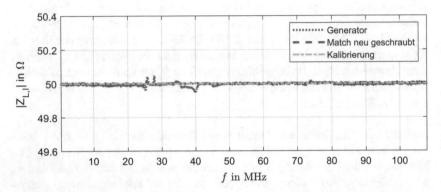

Abbildung 3.15 Bestimmung des Leitungsabschlusses mit der $[I]$-Matrix des Richtkopplers für einen 50 Ω Abschluss für den Kalibrierwert (blau), eine Wiederholmessung (rot) und eine Messung nachdem der Kalibrierstandard einmal abgeschraubt und wieder angeschraubt wurde (gelb)

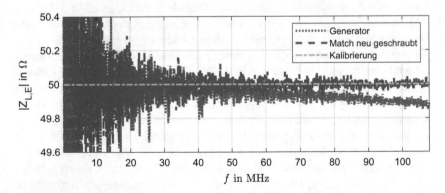

Abbildung 3.16 Bestimmung des Leitungsabschlusses mit der $[E]$-Matrix des Richtkopplers für einen 50 Ω Abschluss für den Kalibrierwert (blau), eine Wiederholmessung (rot) und eine Messung nachdem der Kalibrierstandard einmal abgeschraubt und wieder angeschraubt wurde (gelb)

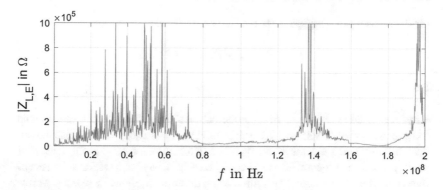

Abbildung 3.17 Messung eines O Kalibrierstandards mit der $[E]$-Matrix

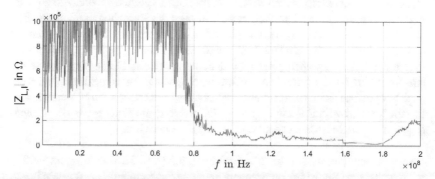

Abbildung 3.18 Messung eines S Kalibrierstandards mit der $[E]$-Matrix

3.3.3 Arbeitsbereich der Bestimmung der Leitungsgrößen im Zeitbereich

Oszilloskopeinstellungen Die Oszilloskopeinstellungen werden nach dem betrachteten Frequenzbereich bestimmt. Für die in dieser Arbeit betrachteten leitungsgebundenen Störaussendungen ist der Bereich von 150kHz bis 108 MHz von Bedeutung. Wie in Abschnitt 2.1.2 erläutert ist dieser Frequenzbereich der, der für leitungsgebundene Störaussendungen, entsprechend der Empfehlungen in CISPR 25, betrachtet wird. Dies ergibt für 150 kHz eine Mindestlaufzeit von

$$T = \frac{1}{150\,\text{kHz}} = 6.667\,\mu\text{s} \tag{3.67}$$

für die Messungen. Um 108 MHz abzutasten ist die Abtastfrequenz

$$f_s = 10 \cdot 108 \text{ MHz} = 1,08 \text{ GHz} \tag{3.68}$$

erforderlich.

Rauschen Die verwendeten Messgeräte nehmen neben dem gemessenen Signal, das gemessen werden soll, auch Rauschen auf. Die Auswirkungen des Rauschens auf das Verfahren muss untersucht werden. Um den Einfluss abzuschätzen, muss definiert sein, welche Eigenschaften wie stark beeinflusst werden. Das Rauschen beeinflusst die Messdynamik und bestimmt, wie empfindlich Signale aufgelöst werden können. Bei zu großem Rauschen P_{noise} können Nutzsignal P_{signal} und Rauschen P_{noise} nicht mehr unterschieden werden. Zuerst ist der Einfluss auf die Zeitbereichsmessung von Bedeutung. Des Weiteren beeinflusst das Rauschen auch die Qualität der Messergebnisse entlang der einzelnen Verfahrensschritte. Es muss untersucht werden, wie stark das Verfahren beeinflusst wird, um die Grenzen, die dem Verfahren durch das Rauschen gesetzt werden, abzuschätzen. Durch die Analyse der einzelnen Verfahrensschritte können Optimierungsmaßnahmen gezielt eingebracht beziehungsweise weiterer Forschungsbedarf abgeleitet werden. Im Folgenden werden die Verfahrensschritte mit möglichen Optimierungsmaßnahmen in der Reihenfolge, in der die Messdaten verarbeitet werden, beschrieben.

Rauschniveau von b_3 und b_4 Mit Gleichung 3.22 und 3.23 wird das im Zeitbereich gemessene Signal in den Frequenzbereich transformiert. Das Rauschniveau, bei einem ausgeschalteten DUT ist in Abbildung 3.19 abgebildet, für die auf das Oszilloskop einfallende Welle b_3. Das Rauschniveau liegt bei -85 dBm. Rauschen, das durch nicht periodische Signale verursacht wird, kann durch das Bilden eines Mittelwertes reduziert werden [10, S. 412]. Dies kann direkt durch das Oszilloskop erfolgen [2]. Bei der Mittelwertbildung von $n = 100$ Messwerten folgt für b_3 der Verlauf in Abbildung 3.20. Das Rauschniveau liegt mit der Mittelwertbildung bei -110 dBm. Damit kann das Rauschen um 25 dB reduziert werden. Für die Analyse der weiteren Verfahrensschritte werden Messwerte mit einer Mittelwertbildung betrachtet. Für den Fall, dass mit dem Verfahren nicht periodische Signale aufgezeichnet und analysiert werden sollen, muss auf eine Mittelwertbildung verzichtet und die restlichen Verfahrensschritte auf das gegebene Rauschniveau angepasst werden.

Rauschniveau von a_2 und b_2 Mit den Gleichungen 3.24 und 3.25 werden aus den an *E3* und *E4* bestimmten Wellengrößen b_3 und b_4 die Wellengrößen a_2 und b_2 an

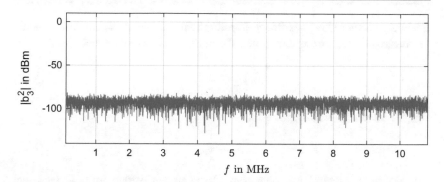

Abbildung 3.19 Rauschen der an *E3* bestimmten, auf das Oszilloskop einfallende Welle b_3, bei passiven Abschlüssen an *E1* und *E2*

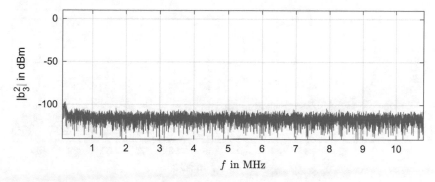

Abbildung 3.20 Rauschen der an *E3* bestimmten, auf das Oszilloskop einfallende Welle b_3, bei passiven Abschlüssen an *E1* und *E2*, mit einer Mittelwertbildung von $N = 100$ Messwerten

der Ebene *E2* bestimmt. Damit ist, bei einem ausgeschalteten DUT für die von *E2* ausgehende Welle a_2, das Rauschniveau in Abbildung 3.21 messbar. Das Rauschen weist nicht mehr über den ganzen Frequenzbereich das gleiche Niveau auf. Dies ist in der Verarbeitung der Messwerte mit der Streumatrix $[E]$ aus Abbildung 3.14 und der

Richtkoppleranordnung begründet. Damit erhöht sich das Rauschen insbesondere bei niedrigen Frequenzen, da für die auf den Richtkoppler hinlaufende Welle

$$a_2 \sim \frac{1}{e_{01}} \tag{3.69}$$

und für die auf *E2* hinlaufende Welle

$$b_2 \sim e_{10} \tag{3.70}$$

gilt. Das höhere Rauschniveau ist proportional zu den Werten der $[E]$-Matrix bei niedrigen Frequenzen.

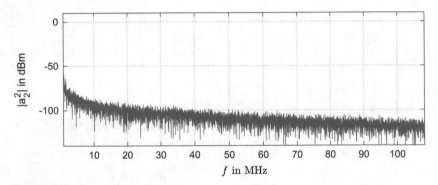

Abbildung 3.21 Rauschen der über den Richtkoppler an *E2* bestimmten, auf den Richtkoppler einfallenden Welle a_2, bei passiven Abschlüssen an *E1* und *E2*

Rauschniveau von a_1 und b_1 Mit der Gleichung 3.28 werden aus den an *E2* bestimmten Wellengrößen a_2 und b_2 die Wellengrößen a_1 und b_1 an der Kalibrierebene *E1* bestimmt. Damit folgt, bei einem ausgeschalteten DUT, für die von *E2* ausgehende Welle a_1 das Rauschniveau in Abbildung 3.22. Durch die Weiterverarbeitung steigt das Rauschniveau. Dabei ist die Auswirkung bei höheren Frequenzen am größten, im Bereich über 100 MHz um etwa 6 dB. Dies ist mit der Dämpfung i_{01} entlang der Übertragungsstrecke von *E*2 zu *E*1 begründet, siehe Abbildung 3.13.

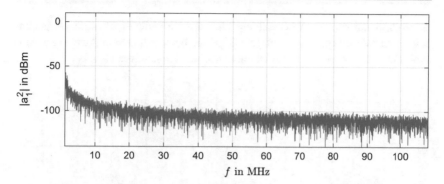

Abbildung 3.22 Rauschen der über den Richtkoppler an *E1* bestimmten, auf den Richtkoppler einfallenden Welle a_1, bei passiven Abschlüssen an *E1* und *E2*

Rauschniveau von a_0 Mit Gleichung 3.4 wird die vom DUT ausgehende Quellleistung bestimmt. In Abbildung 3.23 ist das Ergebnis, das aus zwei Messungen mit ausgeschaltetem DUT bestimmt wird, gezeigt. Durch die Verrechnung der verrauschten Signale a_2, b_2 und Γ_s erhöht sich die Spanne zwischen den Minima und Maxima des Signals im Vergleich zu den zuvor bestimmten Wellengrößen.

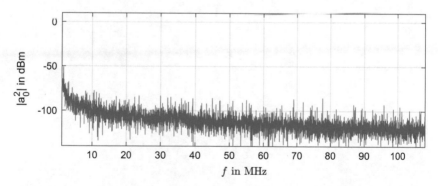

Abbildung 3.23 Rauschen der von *E2* ausgehenden, auf den Richtkoppler einfallenden Welle a_0, bei passiven Abschlüssen an *E1* und *E2*

Rauschniveau von b_1 Mit Gleichung 3.48 wird die Welle b_1, die $E1$ bei Anregung mit a_0 an $E2$ erreicht, bestimmt. Das Ergebnis bei angepasstem Ausgang wird in Abbildung 3.24 gezeigt. Dieses ist ein ähnliches Rauschniveau wie a_0.

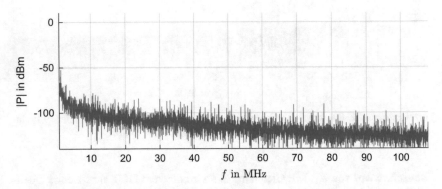

Abbildung 3.24 Rauschen der über den Richtkoppler mit passiven Abschlüssen an $E1$ und $E2$ bestimmten Leistung b_1^2 an $E1$

Ergebnisse der kontaktlosen Charakterisierung von Störgrößen

4

In Kapitel 3 wurde eine Methode zur Charakterisierung von ESQs, beziehungsweise von leitungsgebundenen Störaussendungen, vorgestellt. Dabei wurden die Schritte zur Kalibrierung des Messaufbaus im Frequenzbereich erläutert. Weiter wurde die Anwendung der Kalibrierung auf die Zeitbereichsmessung beschrieben und die damit mögliche Bestimmung der Leitungsgrößen an den Leitungsenden. Mit diesen können die charakteristischen DUT-Eigenschaften in Form von Strom, Spannung und Impedanz einer Störquelle bestimmt werden. Darüber hinaus wurden die Einflussgrößen, die die Grenzen des Verfahrens darstellen, identifiziert. Zur Absicherung der theoretischen Überlegungen aus Kapitel 3 muss das vorgestellte Verfahren praktisch angewendet werden. Um die Grenzen des Verfahrens abzuschätzen, soll zunächst ein möglichst einfacher Referenzmessaufbau mit bekannten Werten für die Koppelpfade und dem DUT verwendet werden.

Zunächst wird das Verfahren in Abschnitt 4.1 auf einen möglichst idealen Messaufbau mit wenig Bestandteilen angewendet. Dieser dient als Referenz, anhand der die Einflüsse der Erweiterungen des Messaufbaus, die für die Charakterisierung einer leistungselektronischen Fahrzeugkomponente erforderlich sind, abgeglichen werden. In Abschnitt 4.2 wird der Aufbau für die Integration einer leistungselektronischen Komponente angepasst und die Einflüsse der Anpassungen analysiert. Abschließend wird in Abschnitt 4.3 die ESQ einer leistungselektronischen Komponente charakterisiert.

T. Tumbrägel, *Kontaktlose EMV-Charakterisierung von Ersatzstörquellen*, AutoUni – Schriftenreihe 168, https://doi.org/10.1007/978-3-658-42557-9_4

Für die Messungen werden die VNA Einstellungen in Tabelle 4.1 verwendet.

Tabelle 4.1 VNA Einstellungen [1]

Modell	ROHDE UND SCHWARZ ZVA8
NOP	100
BW	100Hz
Pegel	0dBm
Frequenzbereich	$f_{min} = 1\text{MHz}$ bis $f_{max} = 108\text{MHz}$

Für die Messungen im Zeitbereich werden die Einstellungen in Tabelle 4.2 verwendet.

Tabelle 4.2 Oszilloskop Einstellungen [2]

Modell	TELEDYNE Waverunner 9854M
Zeit T	2 ms
f_s	1 GHz

Die mit diesem Verfahren erzielten Messergebnisse werden mit denen aus einer üblichen Spektrumanalysatormessung verglichen und sind gut übereinstimmend. Die Einstellungen für die Spektrumanalysatormessung sind in Tabelle 4.3 festgehalten. Die Messdaten werden wie in Kapitel 3 mit der Software MATLAB verarbeitet und dargestellt [34].

Tabelle 4.3 Spektrumanalysator Einstellungen

Modell	ROHDE UND SCHWARZ ...
Bandbreite	100 Hz
Frequenzbereich	1 MHz bis 108 MHz

4.1 Charakterisierung der Netzwerkeigenschaften im Referenzmessaufbau

In Abschnitt 3.3 wurden die Eigenschaften der einzelnen Bestandteile des Messverfahrens betrachtet, also die Eigenschaften des Richtkopplers, der Frequenzbereichsmessung und der Zeitbereichsmessung. Die Charakterisierung eines aktiven DUT wurde noch nicht einbezogen und wird jetzt ebenfalls mit dem Messverfahren charakterisiert. Zunächst soll in Abschnitt 4.1.1 ein möglichst einfacher Messaufbau untersucht werden, an dem die Eigenschaften des Messverfahrens mit einer möglichst geringen Anzahl an Bestandteilen, die Einfluss auf das Messergebnis haben, analysiert werden kann. Zudem wird ein DUT mit bekannten Eigenschaften charakterisiert. Als erstes wird die Bestimmung der Leitungsgrößen in Abschnitt 4.1.2 gegen die Erwartungswerte geprüft. Daraufhin werden in Abschnitt 4.1.3 passive und aktive Leitungsabschlüsse bestimmt. Eine abschließende Zusammenfassung folgt in Abschnitt 4.1.4.

4.1.1 Messaufbau

Aufbau Das untersuchte Messsystem besteht im einfachsten Fall aus einem Leiter über einer leitenden Ebene, der ein DUT und den Leitungsabschluss am anderen Ende der Leitung verbindet, wie in Abbildung 4.1 abgebildet. Der Richtkoppler wird um diesen Leiter gelegt. Es handelt sich um einen Eindrahtleiter. Für ein möglichst ideales Übertragungsverhalten wird die Eindrahtleitung kurz gehalten und besteht nur aus dem Stück durch den Richtkoppler. Die Anschlüsse an dem Leitungsabschluss und die Störquelle werden mit Koaxialleitungen realisiert. Als Leitungsabschluss werden die Kalibrierstandards *ZV-Z21* von ROHDE & SCHWARZ verwendet. Als Störquelle wird ein Signalgenerator *SML 01* von ROHDE & SCHWARZ genutzt. Das Netzwerk wird über diesen Generator mit einem Sinussignal einer bekannten Frequenz und Leistung angeregt. Die Innenimpedanz des Generators beträgt $Z_s = 50\,\Omega$. Für die Bestimmung des Innenwiderstandes ist eine Änderung des Lastzustandes nötig. Um die Phasenverschiebung zwischen den beiden Messungen zu bestimmen, muss das Messsignal getriggert werden. Dafür wird ein T-Stück an den Eingang des Generators angebracht und eine Leitung zum Oszilloskop für das Triggern angeschlossen. Um die Fehlanpassung durch das T-Stück zu reduzieren, wird an dem Anschluss, welcher der Ebene *E2* entspricht, eine koaxiale 9 dB Dämpfung eingefügt.

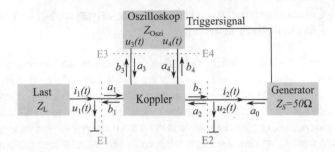

Abbildung 4.1 Messaufbau für die Charakterisierung der Netzwerkeigenschaften im Referenzmessaufbau mit einem Generator als Referenzstörquelle, mit der Quellimpedanz $Z_s = 50\,\Omega$

Direktivität Abbildung 4.2 zeigt das Übertragungsverhalten von *E1* zu den Ebenen *E3*, mit dem Transmissionsparameter S_{31} und *E4* mit dem Transmissionsparameter S_{41}. Die Direktivität der Anordnung nimmt, im Vergleich zu der Betrachtung des Richtkopplers, ohne Zuleitungen in Abschnitt 3.3.1 ab (siehe Abbildung 3.12).

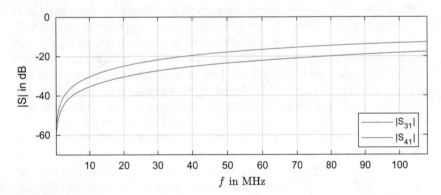

Abbildung 4.2 Transmissionsfaktor des Richtkopplers von *E1* zu *E3* S_{31} (blau) und von *E1* zu *E4* S_{41} (rot) im Referenzmessaufbau

Übertragungsverhalten Der Referenzmessaufbau ist in Abbildung 4.1 dargestellt. Der Generator ist an der Ebene *E2* angeschlossen, der Leitungsabschluss an der Ebene *E1*, das Oszilloskop an den Ebenen *E3* und *E4*. Das Triggersignal wird an

einem zusätzlichen Oszilloskop-Anschluss angeschlossen. Für den Koppelpfad von
E1 zu *E2* ergibt sich das Übertragungsverhalten in Abbildung 4.3. Das typische Verhalten einer Leitung, wie in Abschnitt 2.3.1 beschrieben, ist deutlich zu erkennen.
Die Dämpfung wird im Vergleich zu dem Richtkoppler ohne Anschlüsse größer
(siehe Abbildung 3.13). Die Dämpfung von *E1* zu *E2* beträgt $a_I = 1{,}63$ dB bei
108 MHz. Das sind 0,63 dB mehr Dämpfung als der Richtkoppler ohne die zusätzlichen Messaufbaubestandteile hat.

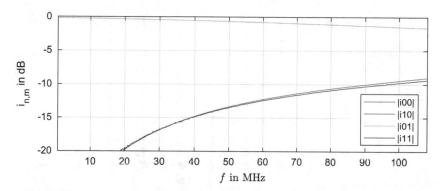

Abbildung 4.3 Streumatrix $[I]$ des Richtkopplers zwischen *E1* und *E2* mit den Transmissionsfaktoren i_{01} (gelb) und i_{10} (rot) sowie den Reflexionsfaktoren i_{00} (blau) und i_{11} (violett)
des Referenzmessaufbaus

4.1.2 Bestimmung der Leitungsgrößen

Transmission Um auf die Eigenschaften des DUTs zurückschließen zu können,
müssen zunächst die Wellengrößen im System bestimmt werden. Diese geben Auf-
schluss darüber, welchen Einflüssen das Messsystem ausgesetzt ist. Damit können
die Grenzen des Messverfahrens genauer bestimmt werden. Abbildung 4.4 zeigt
die das System anregende Welle a_2. Die Messwerte entsprechen dem Erwartungswert. Die Quelle speist eine Leistung $P_S = 13$ dBm ein. Diese reduziert sich um
6 dB durch das T-Stück zu dem Oszilloskop. Um die Fehlanpassung durch die
Parallelschaltung der Quelle zu dem Oszilloskop zu verringern, ist an *E2* ein 9 dB-
Dämpfungsglied eingefügt. Das System wird mit

$$a_2 = P_S - 6\,\text{dB} - 9\,\text{dB} = -2\,\text{dB} \tag{4.1}$$

angeregt. Der gleichbleibende Verlauf über alle Frequenzen ist zu erwarten, da die auf $E2$ einfallende Welle b_2, aufgrund der Anpassung an $E1$, einen kleinen Wert hat. Abbildung 4.5 zeigt die transmittierte Welle b_1, bei Anpassung an $E1$. Diese entspricht der Anregung durch a_2, die einmal durch den Richtkoppler gelaufen ist. Abgebildet ist eine Welle b_1 mit einer geringeren Amplitude als die Welle a_2. Die Dämpfung von a_2 zu b_1 entspricht dem Übertragungsverhalten von i_{10} aus Abbildung 4.3 mit einer Abweichung $< 1\text{dB}$.

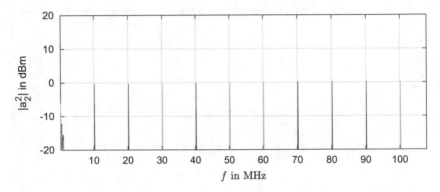

Abbildung 4.4 Über den Richtkoppler im Referenzmessaufbau an $E2$ bestimmte, auf den Richtkoppler einfallenden Welle a_2 bei Anpassung $Z_L = 50\,\Omega$ an $E1$ und bekanntem Abschluss $Z_s = 50\,\Omega$ an $E2$ für Anregungsfrequenzen von 10 MHz bis 100 MHz

Leitungsabschluss Anpassung Die Reflexion b_1 an $E1$ entspricht dem Wert von a_1, gezeigt in Abbildung 4.6 für die Werte bei Anpassung an $E1$. Wie bei Anpassung mit dem Reflexionsfaktor $\Gamma_M = 0$ zu erwarten, ist die Reflexion gering. Die auf $E1$ einfallende Welle wird bei allen betrachteten Frequenzen um $25,37$ dB bis $28,15$ dB gedämpft. Über den betrachteten Frequenzbereich ergibt sich im Durchschnitt eine Dämpfung von $26,55$ dB.

Leitungsabschluss Kurzschluss Im Gegensatz zum Fall der Anpassung zeigt Abbildung 4.7 die auf $E1$ einfallende Welle b_1 und Abbildung 4.8 die an $E1$ reflektierte Welle a_1 bei einem Kurzschluss an $E1$.

Zu erwarten ist bei einem Reflexionsfaktor $\Gamma_S = -1$ eine Totalreflexion. Die Messwerte stimmen mit den Erwartungswerten überein. Die auf $E1$ einfallende Welle wird bei allen betrachteten Frequenzen um $0,04$ dB bis $0,73$ dB gedämpft. Hin zu niedrigeren Frequenzen nimmt die Reflexion ab. Dies kann mit

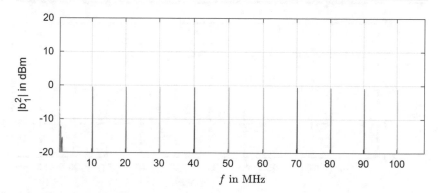

Abbildung 4.5 Über den Richtkoppler im Referenzmessaufbau an *E1* bestimmte, auf den Abschluss einfallende Welle b_1 bei Anpassung $Z_L = 50\ \Omega$ an *E1* und bekanntem Abschluss $Z_s = 50\ \Omega$ an *E2* für Anregungsfrequenzen von 10 MHz bis 100 MHz

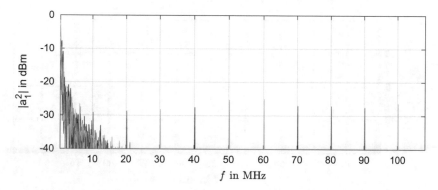

Abbildung 4.6 Über den Richtkoppler im Referenzmessaufbau an *E1* bestimmte, an dem Abschluss reflektierte Welle a_1 bei Anpassung $Z_L = 50\ \Omega$ an *E1* und bekanntem Abschluss $Z_s = 50\ \Omega$ an *E2* für Anregungsfrequenzen von 10 MHz bis 100 MHz

Messungenauigkeiten aufgrund einer schlechteren Kopplung, entsprechend S_{31} und S_{41} (siehe Abbildung 4.2), begründet werden.

Ströme und Spannungen Das Verhalten bezüglich der Überlegungen zur Leitungstheorie in Abschnitt 2.3.1 kann ebenfalls an den Strömen und Spannungen im Messsystem beobachtet werden. Wie in Abbildung 4.9 dargestellt, wird bei einem Kurzschluss die Spannung klein und der Strom groß. Bei einem Leerlauf, zu sehen

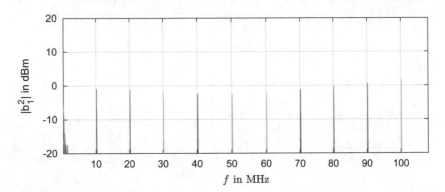

Abbildung 4.7 Über den Richtkoppler im Referenzmessaufbau an *E1* bestimmte, auf den Abschluss einfallende Welle b_1 bei einem Kurzschluss $Z_L = 0\,\Omega$ an *E1* und bekanntem Abschluss $Z_s = 50\,\Omega$ an *E2* für Anregungsfrequenzen von 10 MHz bis 100 MHz

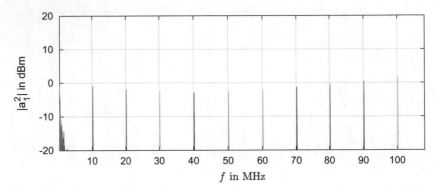

Abbildung 4.8 Über den Richtkoppler im Referenzmessaufbau an *E1* bestimmte, an dem Abschluss reflektierte Welle a_1 bei einem Kurzschluss $Z_L = 0\,\Omega$ an *E1* und bekanntem Abschluss $Z_s = 50\,\Omega$ an *E2* für Anregungsfrequenzen von 10 MHz bis 100 MHz

in Abbildung 4.10, verhält es sich genau entgegengesetzt zu einem Kurzschluss. Die Spannung wird groß und der Strom klein.

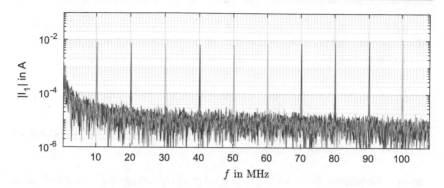

Abbildung 4.9 Mit den Wellen a_1 und b_1 bestimmter Strom I_1 an $E1$, bei einem Kurzschluss $Z_L = 0\,\Omega$ an $E1$ und bekanntem Abschluss $Z_s = 50\,\Omega$ an $E2$ für Anregungsfrequenzen von 10 MHz bis 100 MHz

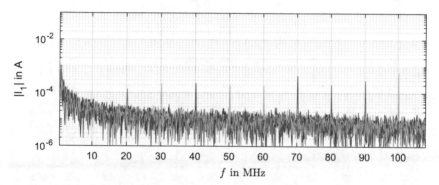

Abbildung 4.10 Mit den Wellen a_1 und b_1 bestimmter Strom I_1 an $E1$, bei einem Leerlauf $Z_L \to \infty$ an $E1$ und bekanntem Abschluss $Zs = 50\,\Omega$ an $E2$ für Anregungsfrequenzen von 10 MHz bis 100 MHz

4.1.3 Charakterisierung passiver und aktiver Leitungsabschlüsse

Die Ergebnisse aus Abschnitt 4.1.2 zeigen auf, dass die Leitungsgrößen mit dem Verfahren gemessen werden können. Für eine Charakterisierung der ESQ muss zusätzlich die Impedanz der Störquelle bestimmt werden. Wie in Abschnitt 3.1.3 beschrieben, können mit dem Verfahren sowohl aktive als auch passive Abschlüsse betrachtet werden. Im nächsten Schritt wird der passive Leitungsabschluss an Ebene

E1 und der aktive, in Form des Generators, an Ebene *E2* gemessen. Der passive Abschluss wird durch Kalibrierstandards, die an die Ebene *E1* angeschlossen werden, realisiert. Die Abschlussimpedanz kann über den Reflexionsfaktor

$$\Gamma_1 = \frac{b_1}{a_1} \tag{4.2}$$

durch das Verhältnis der auf die Ebene einfallenden Welle b_1 zu der an der Ebene *E1* reflektierten Welle a_1 bestimmt werden.

Passiver Abschluss In Abbildung 4.11 wird das Ergebnis für die Impedanz Z_1, die von der Ebene *E1* in das System gesehen wird, bei einem angepasstem Leitungsabschluss gezeigt. Zu erwarten ist ein Wert von $Z_0 = 50\,\Omega$. Das Ergebnis schwankt um diesen Wert mit maximal 4 Ω Abweichung.

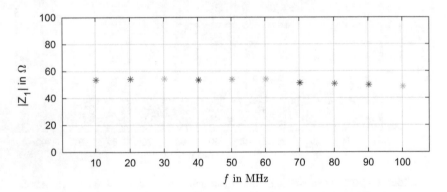

Abbildung 4.11 Über den Richtkoppler im Referenzmessaufbau an *E1* bestimmter passiver Abschluss $Z_1 = 50\,\Omega$ für Anregungsfrequenzen von 10 MHz bis 100 MHz

In Abbildung 4.12 wird das Ergebnis für die Impedanz Z_1 bei einem Kurzschluss an *E1* gezeigt. Zu erwarten ist ein Wert von $Z_0 = 0\,\Omega$. Das Ergebnis weicht um maximal 5 Ω ab. Demnach können auch von der Bezugsimpedanz Z_0 abweichende Impedanzen, mit geringer Abweichung zum Erwartungswert, ermittelt werden.

Aktiver Abschluss Wenn mit Gleichung 4.2 die Impedanz von einem aktiven Abschluss bestimmt wird, ergibt sich die Impedanz, die von der Quelle aus in das System gesehen wird. In Abbildung 4.13 wird das Ergebnis für die Impedanz Z_2, die

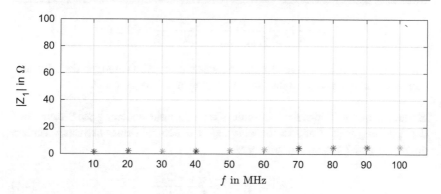

Abbildung 4.12 Über den Richtkoppler im Referenzmessaufbau an *E1* bestimmter passiver Abschluss $Z_1 = 0\ \Omega$ für Anregungsfrequenzen von 10 MHz bis 100 MHz

von Ebene *E2* bei angepasstem Leitungsabschluss an *E1* aus in das System gesehen wird, gezeigt.

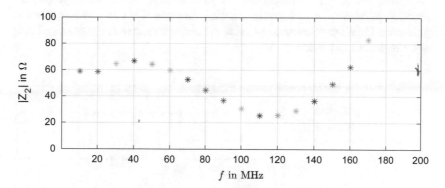

Abbildung 4.13 Über den Richtkoppler im Referenzmessaufbau an *E2* bestimmter aktiver Abschluss Z_2 bei einem passiven Leitungsabschluss $Z_1 = 50\ \Omega$ an *E1* und bekanntem Abschluss $Z_s = 50\ \Omega$ an *E2* für Anregungsfrequenzen von 10 MHz bis 200 MHz

Das Ergebnis entspricht den Erwartungen für eine Widerstandstransformation bei einem Abschluss mit 50 Ω. Zwischen 40 MHz und 110 MHz wird der Abschluss von einem Kurzschluss zu dem wahren angepassten Wert des Abschlusses von $Z_1 = 50\ \Omega$ transformiert. Dieser Durchlauf entspricht $\dfrac{\lambda}{4}$. Damit kann die Gesamtlänge des Weges von *E1* zu *E2* zu

$$l = \frac{1}{2}\frac{\lambda}{4} = \frac{1}{2}\frac{c_0}{f_{Anpasung}} = \frac{c_0}{120\,\text{MHz}} = 2,5\,\text{m} \tag{4.3}$$

bestimmt werden. Dies stimmt mit den tatsächlichen Abmessungen des Messaufbaus überein und entspricht den Vorüberlegungen in Abschnitt 2.3.1.

Ersatzstörquelle Ein aktiver Abschluss kann über die Änderung des Stromes und der Spannung an der Kalibrierebene abgeleitet werden. Für einen aktiven Abschluss an der Ebene *E2* gilt für die Impedanz

$$Z_s = \frac{\Delta U_s}{\Delta I_s} = \frac{U_{s,1} - U_{s,2}}{I_{s,1} - I_{s,2}} \tag{4.4}$$

mit den Messwerten für den ersten Lastzustand $U_{s,1}$ und $I_{s,1}$ sowie für den zweiten Lastzustand $U_{s,2}$ und $I_{s,2}$. In Abbildung 4.14 wird das Ergebnis für die Quellimpedanz Z_s des DUT, der an *E2* angeschlossen ist, gezeigt. Das Ergebnis wird, wie in Abschnitt 3.1.3 beschrieben, mit den Lastzuständen eines Kurzschlusses und eines Leerlaufs an *E1* charakterisiert. Das Ergebnis stimmt mit Abweichungen von bis zu 9,44 Ω mit dem Erwartungswert von 46 Ω überein. Der Erwartungswert, der ebenfalls in Abbildung 4.14 gezeigt ist, wird mit einem VNA im passiven Zustand gemessen. Bei einem Generator ist keine Änderung zwischen der aktiven und passiven Impedanz zu erwarten.

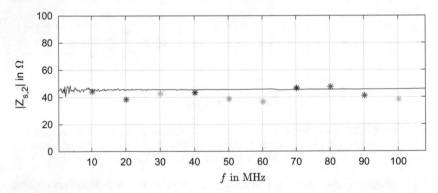

Abbildung 4.14 Über den Richtkoppler mit zwei verschiedenen Lastzuständen an *E1* bestimmter aktiver Abschluss Z_s an *E2* (Sterne) für Anregungsfrequenzen von 10 MHz bis 100 MHz. Im Vergleich dazu mit einem VNA gemessenes Z_s im passiven Zustand (violett)

In Abbildung 4.15 wird das Ergebnis für die Quellleistung a_0^2 gezeigt. Der Erwartungswert liegt bei 1 dBm. Die Abweichung im betrachteten Frequenzbereich beträgt maximal 2,4 dBm.

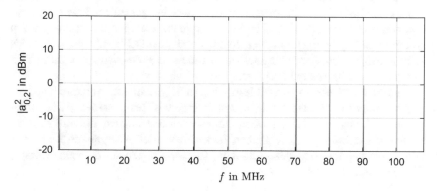

Abbildung 4.15 Über den Richtkoppler mit zwei verschiedenen Lastzuständen an *E1* bestimmten Quellleistung a_0^2 an *E2* für Anregungsfrequenzen von 10 MHz bis 100 MHz

4.1.4 Zusammenfassung

Die Werte für S_{31} und S_{41} in Abbildung 3.12 zeigen, dass die Überkopplung bei niedrigen Frequenzen geringer ist. Die Ergebnisse zeigen weiter, dass dies keinen negativen Einfluss auf die Bestimmung der passiven und aktiven Impedanzen sowie der bestimmten Quellleistung hat.

Die Leitungsgrößen entsprechen, bei verschiedenen Abschlüssen, den Erwartungswerten. Die Abweichung beträgt weniger als 1 dB.

An *E1* können verschiedene passive Abschlüsse, mit einer Abweichung von maximal 5 Ω, charakterisiert werden. Für die ESQ Charakterisierung können die charakteristischen Werte ebenfalls mit geringen Abweichungen gemessen werden. Die Quellleistung kann mit einer Abweichung von 2,4 dB bestimmt werden.

Zusammenfassend liefert das Verfahren plausible Ergebnisse mit geringen Abweichungen zu den Erwartungswerten.

4.2 Integration der Charakterisierung der Netzwerkeigenschaften in den CISPR 25 Messaufbau

Es wurde gezeigt, dass mit dem Messverfahren die Leitungsgrößen und die charakteristischen ESQ-Werte, mit geringfügigen Abweichungen zu den Erwartungswerten, bestimmt werden können. Für die Bestimmung einer leistungselektronischen Komponente ist allerdings eine Versorgung durch eine DC-Quelle über eine LISN erforderlich. Der erweiterte Messaufbau beeinflusst das Messverfahren. Dieser Einfluss muss, wie in Abschnitt 2.1.2 erläutert, erfasst werden.

Zunächst wird der erweiterte Messaufbau in Abschnitt 4.2.1 vorgestellt und die Veränderungen der Verfahrenseigenschaften erläutert. Dann werden die Leitungsgrößen in Abschnitt 4.2.2 gemessen und mit den Ergebnissen, die im Referenzmessaufbau erzielt wurden, verglichen. Daraufhin werden in Abschnitt 4.2.3 passive und aktive Leitungsabschlüsse bestimmt. Eine abschließende Zusammenfassung folgt in Abschnitt 4.2.4.

4.2.1 Messaufbau

In Abschnitt 4.1 wurde das Verfahren aus Abschnitt 3 auf einem einfachen Messaufbau angewendet und die Theorie praktisch bestätigt. In dem vereinfachten Referenzmessaufbau konnten die zu erwartenden Messwerte, mit geringer Abweichung zum Erwartungswert, gemessen werden. Des Weiteren konnte der Einfluss des Messaufbaus auf die Messergebnisse analysiert werden.

Aufbau Im nächsten Schritt soll der Referenzmessaufbau so erweitert werden, dass leistungselektronische DUTs in diesen integriert werden können. Um die Einflüsse des Messaufbaus von denen des DUTs abzugrenzen, wird zunächst wieder ein Generator als bekannte Störquelle verwendet. Um den Referenzmessaufbau für die Charakterisierung von leistungselektronischen Komponenten zu erweitern, werden LISN verwendet. Der Messaufbau ist in Abbildung 4.16 dargestellt. Wie in Abschnitt 3.1.3 erläutert, kann dadurch der HF-Lastzustand ohne Einfluss auf den DC-Lastzustand variiert werden. Zusätzlich bietet ein Messaufbau mit integrierter LISN die Möglichkeit, den Störpegel am Messausgang der LISN mit einem Empfänger zu messen und mit der Messung am Richtkoppler zu vergleichen. Das Triggersignal wird über ein T-Stück am Generatorausgang realisiert und an einem zusätzlichen Oszilloskop-Anschluss angeschlossen. Um die Fehlanpassung durch das T-Stück zu reduzieren, wurde an dem Anschluss, der der Ebene $E2$ entspricht, eine koaxiale 9 dB Dämpfung eingefügt.

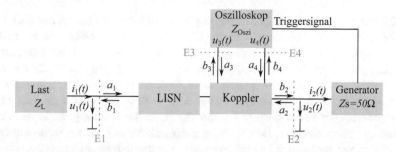

Abbildung 4.16 Messaufbau für die Charakterisierung der Netzwerkeigenschaften ähnlich dem CISPR 25 [16] Messaufbau mit einem Generator als Referenzstörquelle und der Quellimpedanz $Z_s = 50\,\Omega$

Direktivität Mit einem veränderten Messaufbau verändert sich das Übertragungsverhalten der Anordnung. Abbildung 4.17 zeigt das Übertragungsverhalten von *E1* zu den Ebenen *E3* mit dem Transmissionsparameter S_{31} und *E4* mit S_{41}. Im Vergleich zu dem Referenzmessaufbau aus Abschnitt 4.1 verringert sich die Direktivität (siehe Abbildung 4.2), insbesondere hin zu höheren Frequenzen.

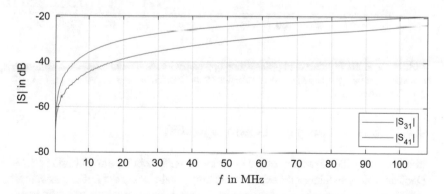

Abbildung 4.17 Transmissionsfaktor des Richtkopplers von *E1* zu *E3* S_{31} (blau) und von *E1* zu *E4* S_{41} (rot) im Messaufbau mit LISN

Übertragungsverhalten Die Dämpfung wird durch die Zuleitungen und die LISN
größer (Vergleich Abbildung 4.18 zu Abbildung 4.3). Sie beträgt von *E1* zu *E2*
$a_I = 4{,}02$ dB bei 108 MHz und ist damit $2{,}39$ dB größer als bei der Referenzan-
ordnung in Abschnitt 4.1. Außerdem zeigt sich, dass der Signalpfad mit dem erweiterten Messaufbau weniger symmetrisch ist. Dadurch ergeben sich unterschiedliche
Reflexionswerte. Der Reflexionswert i_{00}, der von *E1* in das System gesehen wird,
ist höher als der Reflexionswert i_{11}, der von *E2* in das System gesehen wird. Bei
niedrigen Frequenzen ist die Kopplung gering. Da keine Leistung mehr von dem
Richtkoppler zur Leitung koppelt, werden die Transmissionsparameter i_{10} und i_{01}
sehr klein. Die Reflexionen i_{11} und i_{00} werden groß.

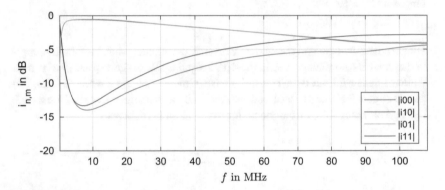

Abbildung 4.18 Streumatrix $[I]$ des Richtkopplers zwischen *E1* und *E2* mit den Transmissionsfaktoren i_{01} (gelb) und i_{10} (rot) sowie den Reflexionsfaktoren i_{00} (blau) und i_{11} (violett)
des Messaufbaus mit LISN

4.2.2 Bestimmung der Leitungsgrößen

Transmission Die Transmission von *E2* zu *E1* entspricht i_{01} aus Abbildung 4.18.
Der Transmissionsfaktor gibt an, wie stark ein Signal entlang der Leitung gedämpft
wird. Bei einer Anregung des Systems an *E2* mit a_2 ist zu erwarten, dass die transmittierte Welle b_1 entsprechend der bekannten Werte von i_{10} gedämpft wird. Um
diese Annahme zu überprüfen, wird das System an *E2* angeregt. *E2* ist mit 50 Ω
angepasst, um Reflexionen zu vermeiden.

Die Quelle speist eine Leistung $P_S = 13$ dBm. Diese reduziert sich um 6 dB durch das T-Stück zu dem Oszilloskop. Um die Fehlanpassung durch die Parallelschaltung der Quelle zu dem Oszilloskop zu verringern, ist an $E2$ ein 9 dB-Dämpfungsglied eingefügt. Das System wird mit

$$a_2 = P_S - 12\,\text{dB} = -2\,\text{dB} \tag{4.5}$$

angeregt. Abbildung 4.19 zeigt die Anregung des Systems durch a_2. Abbildung 4.20 zeigt die transmittierte Welle b_1, bei Anpassung an $E1$. Die Dämpfung von a_2 zu b_1 entspricht dem Übertragungsverhalten von i_{10} aus Abbildung 4.18 mit einer Abweichung geringer 1 dB. Damit entspricht das Übertragungsverhalten den Erwartungen mit einer geringen Abweichung.

Leitungsabschluss Anpassung   Bei einem angepassten Ausgang wird erwartet, dass die Reflexion a_1 am Leitungsabschluss minimal wird. Die Welle a_1 entspricht der Reflexion der nach der Transmission auf die Ebene $E1$ einfallenden Welle b_1. In Abbildung 4.21 wird a_1, für die Werte bei Anpassung an $E1$, gezeigt. Wie bei Anpassung mit dem Reflexionsfaktor $\Gamma_M = 0$ zu erwarten, ist die Reflexion gering. Die auf $E1$ einfallende Welle wird bei allen betrachteten Frequenzen um 20,02 dB bis 27,72 dB gedämpft. Über den betrachteten Frequenzbereich ergibt sich im Durchschnitt eine Dämpfung von 25,05 dB. Im Vergleich zu den Ergebnissen im Referenzmessaufbau aus Abschnitt 4.1.2 ist die Dämpfung um 1,50 dB geringer.

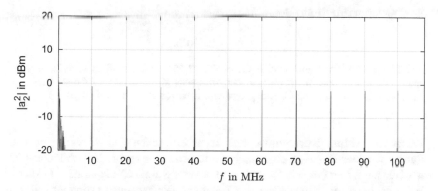

Abbildung 4.19 Über den Richtkoppler im CISPR 25 [16] Messaufbau an $E2$ bestimmte, auf den Richtkoppler einfallenden Welle a_2 bei Anpassung $Z_L = 50\ \Omega$ an $E1$ und bekanntem Abschluss $Z_s = 50\ \Omega$ an $E2$ für Anregungsfrequenzen von 10 MHz bis 100 MHz

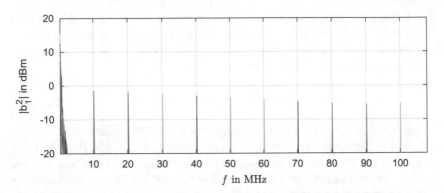

Abbildung 4.20 Über den Richtkoppler im CISPR 25 [16] Messaufbau an *E1* bestimmte, auf den Abschluss einfallende Welle b_1 bei Anpassung $Z_L = 50\,\Omega$ an *E1* und bekanntem Abschluss $Z_s = 50\,\Omega$ an *E2* für Anregungsfrequenzen von 10 MHz bis 100 MHz

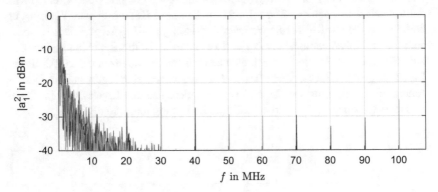

Abbildung 4.21 Über den Richtkoppler im CISPR 25 [16] Messaufbau an *E1* bestimmte, an dem Abschluss reflektierte Welle a_1 bei Anpassung $Z_L = 50\,\Omega$ an *E1* und bekanntem Abschluss $Z_s = 50\,\Omega$ an *E2* für Anregungsfrequenzen von 10 MHz bis 100 MHz

Leitungsabschluss Kurzschluss Bei einem Kurzschluss an *E1* wird mit dem Reflexionsfaktor $\Gamma_S = -1$ eine Totalreflexion von b_1 erwartet. In Abbildung 4.22 wird die auf *E1* einfallende Welle b_1 und in Abbildung 4.23 die an *E1* reflektierte Welle a_1, bei einem Kurzschluss an *E1*, gezeigt. Die Messwerte stimmen mit den Erwartungswerten überein. Die auf *E1* einfallende Welle wird bei allen betrachteten Frequenzen um 0,12 dB bis 2,99 dB gedämpft. Die Genauigkeit nimmt damit, im

Vergleich zu den Ergebnissen aus Abschnitt 4.1, ab. Die Dämpfung erhöht sich im Durchschnitt um 1,24 dB.

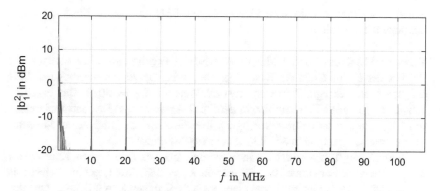

Abbildung 4.22 Über den Richtkoppler im CISPR 25 [16] Messaufbau an *E1* bestimmte, auf den Abschluss einfallende Welle b_1 bei einem Kurzschluss $Z_L = 0\ \Omega$ an *E1* und bekanntem Abschluss $Z_s = 50\ \Omega$ an *E2* für Anregungsfrequenzen von 10 MHz bis 100 MHz

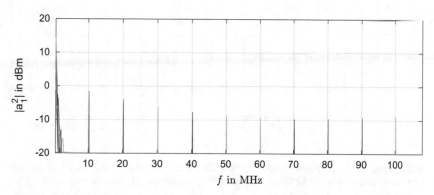

Abbildung 4.23 Über den Richtkoppler im CISPR 25 [16] Messaufbau an *E1* bestimmte, auf den Abschluss einfallende Welle a_1 bei einem Kurzschluss $Z_L = 0\ \Omega$ an *E1* und bekanntem Abschluss $Z_s = 50\ \Omega$ an *E2* für Anregungsfrequenzen von 10 MHz bis 100 MHz

Die Messwerte in dem um eine LISN erweiterten Messaufbau sind, wie erwartet, weniger genau als die Messwerte im Referenzmessaufbau aus Abschnitt 4.1.

4.2.3   Charakterisierung passiver und aktiver Leitungsabschlüsse

Mit den bestimmten Leitungsgrößen kann eine ESQ, analog zu Abschnitt 4.1.3, charakterisiert werden.

Passiver Abschluss   In Abbildung 4.24 wird das Ergebnis für die Impedanz Z_1, die von der Ebene $E1$ in das System gesehen wird, bei einem angepasstem Leitungsabschluss gezeigt. Zu erwarten ist ein Wert von $Z_0 = 50\ \Omega$. Das Ergebnis schwankt um diesen Wert mit maximal $6{,}72\ \Omega$ Abweichung. Das entspricht einer um $1{,}72\ \Omega$ ungenaueren Bestimmung der Impedanz als das Ergebnis der Messung im Referenzmessaufbau in Abbildung 4.11 aus Abschnitt 4.1.3.

In Abbildung 4.25 wird das Ergebnis für die Impedanz Z_1 bei einem Kurzschluss an $E1$ gezeigt. Zu erwarten ist ein Wert von $Z_0 = 0\ \Omega$. Das Ergebnis weicht mit maximal $5{,}81\ \Omega$ ab. Das entspricht einer um $0{,}81\ \Omega$ ungenaueren Bestimmung der Impedanz als das Ergebnis der Messung im Referenzmessaufbau in Abbildung 4.12 aus Abschnitt 4.1.3.

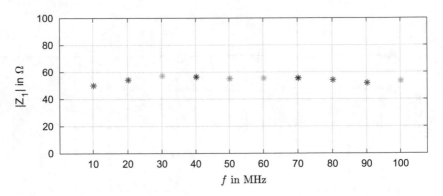

Abbildung 4.24   Über den Richtkoppler im CISPR 25 [16] Messaufbau an $E1$ bestimmter passiver Abschluss $Z_1 = 50\ \Omega$ für Anregungsfrequenzen von 10 MHz bis 100 MHz

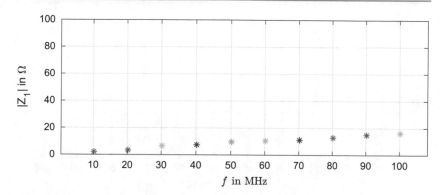

Abbildung 4.25 Über den Richtkoppler im CISPR 25 [16] Messaufbau an *E1* bestimmter passiver Abschluss $Z_1 = 0\ \Omega$ für Anregungsfrequenzen von 10 MHz bis 100 MHz

Aktiver Abschluss In Abbildung 4.26 wird das Ergebnis für die Impedanz Z_2 gezeigt. Diese wird von Ebene *E2* aus, an dem ein aktiver Abschluss angeschlossen ist, in das Messsystem gesehen. Der Leitungsabschluss an *E1* ist angepasst.

Zu sehen ist die Transformation der Abschlussimpedanz entlang der Leitung, die gleich der Quellimpedanz ist. Das Ergebnis stimmt mit der Theorie in Abschnitt 2.3.1 überein und entspricht den Erwartungen. Das Ergebnis entspricht den Erwartungen für eine Widerstandstransformation. Zwischen 80 MHz und 108 MHz wird der Abschluss von einem Kurzschluss zu Anpassung transformiert. Der angepasste Wert des Abschlusses von $Z_1 = 50\ \Omega$ wird bei 108 MHz durchlaufen. Der Durchlauf von 80 MHz zu 108 MHz entspricht $\frac{\lambda}{4}$. Damit kann die Gesamtlänge des Weges von *E1* zu *E2* zu

$$l = \frac{1}{2}\frac{\lambda}{4} = \frac{c_0}{30\ \text{MHz}} \approx 10\ \text{m} \tag{4.6}$$

bestimmt werden. Dies stimmt mit der Voraussetzung überein, dass die LISN eine Leitungslänge von 5 m nachstellt und entspricht den Vorüberlegungen in Abschnitt 2.3.1.

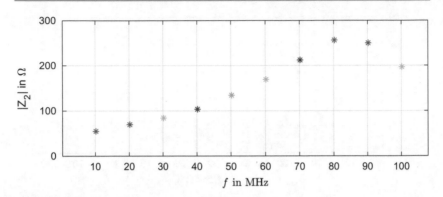

Abbildung 4.26 Über den Richtkoppler im CISPR 25 [16] Messaufbau an *E2* bestimmter aktiver Abschluss Z_2 bei einem passiven Leitungsabschluss $Z_1 = 50\ \Omega$ an *E1* und bekanntem Abschluss $Z_s = 50\ \Omega$ an *E2* für Anregungsfrequenzen von 10 MHz bis 100 MHz

Ersatzstörquelle In Abbildung 4.27 wird das Ergebnis für die Quellimpedanz Z_s des Generators, der an *E2* angeschlossen ist, gezeigt. Das Ergebnis wird, wie in Abschnitt 3.1.3 beschrieben, mit den Lastzuständen eines Kurzschlusses und eines Leerlaufs an *E1* bestimmt. Zum Vergleich wird die mit dem VNA bestimmte passive Impedanz des Generators gezeigt. Das Ergebnis stimmt mit Abweichungen

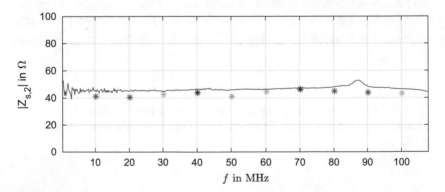

Abbildung 4.27 Über den Richtkoppler im CISPR 25 [16] Messaufbau mit zwei verschiedenen Lastzuständen an *E1* bestimmter aktiver Abschluss Z_s an *E2* (Sterne) für Anregungsfrequenzen von 10 MHz bis 100 MHz. Im Vergleich dazu mit einem VNA gemessenes Z_s im passiven Zustand

bis zu maximal $5,04\ \Omega$ bei 50 MHz mit dem Erwartungswert überein. Das Ergebnis entspricht einer ähnlich genauen Bestimmung der Impedanz wie der Bestimmung im Referenzmessaufbau in Abbildung 4.14 aus Abschnitt 4.1.3.

In Abbildung 4.28 wird das Ergebnis für die Quellleistung a_0^2 gezeigt. Der Erwartungswert liegt, wie im Referenzmessaufbau, bei -2 dBm, mit einer Abweichung im betrachteten Frequenzbereich von maximal 3,46 dB.

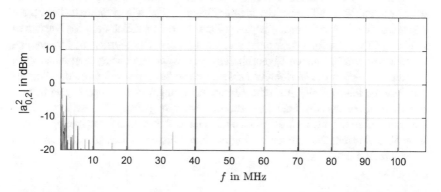

Abbildung 4.28 Über den Richtkoppler im CISPR 25 [16] Messaufbau mit zwei verschiedenen Lastzuständen an *E1* bestimmten Quellleistung a_0^2 an *E2* für Anregungsfrequenzen von 10 MHz bis 100 MHz

4.2.4 Zusammenfassung

Die Kalibriermessungen zeigen, dass durch den erweiterten Messaufbau die Direktivität und die Einfügedämpfung geringfügig negativ beeinflusst werden.

Die Leitungsgrößen entsprechen bei verschiedenen Abschlüssen den Erwartungswerten. Die Abweichung beträgt weniger als 3 dB. An *E1* können verschiedene passive Abschlüsse mit dem Verfahren, mit einer Abweichung von maximal 6 Ω, charakterisiert werden.

Für die ESQ Charakterisierung können die Werte ebenfalls mit geringen Abweichungen berechnet werden. Die Quellleistung ist mit einer Abweichung von 3,46 dB messbar. Dies entspricht einem geringfügig schlechteren Wert als dem, der im Referenzmessaufbau bestimmt wird.

Zusammenfassend haben die Veränderungen am Messaufbau nur einen geringfügig negativen Einfluss auf die Messergebnisse.

4.3   Charakterisierung eines leistungselektronischen DUT im CISPR 25 Messaufbau

In Abschnitt 4.1 wurde gezeigt, dass die Theorie aus Kapitel 2 auf die Praxis anwendbar ist. Dafür wurde ein möglichst idealer Messaufbau verwendet. In Abschnitt 4.2 wurde der Messaufbau um LISN erweitert, um eine Integration des Messverfahrens in einen CISPR-Messaufbau zu analysieren [16]. Anhand des erweiterten Messaufbaus wurden die Einflüsse nicht idealer Bestandteile, wie veränderte Leitungen oder nicht ideale Anschlüsse, analysiert. Damit wurde gezeigt, dass das Verfahren in einem CISPR-Aufbau verwendet werden kann. Hierfür wurden als Störquellen Generatoren mit bekannten Eigenschaften verwendet, um das System anzuregen. Für die Integration des Verfahrens in den Entwicklungsprozess muss das Verfahren auf eine leistungselektronische Komponente angewendet werden. Dafür wird der Messaufbau aus Abschnitt 4.3.1 für die Versorgung des DUT erweitert und der Generator in Abschnitt 4.3.2 durch eine leistungselektronische Komponente ersetzt. Eine abschließende Zusammenfassung der Ergebnisse aus diesem Abschnitt folgt in Abschnitt 4.3.4.

4.3.1   Messaufbau

Für die Messungen wird eine Kühlmittelpumpe verwendet. Über eine Leistungselektronik wird ein dreiphasiger Motor angetrieben. Dieser treibt einen Kühlkreislauf an, der in einem Kurzschlusskreislauf läuft. Während des Betriebs erwärmt das Kühlmittel im Kurzschlusskreislauf, wodurch die Stromaufnahme erhöht wird und sich der Arbeitspunkt verschiebt. Für die Messungen muss darauf geachtet werden, dass das DUT über alle Messungen hinweg einen konstanten Arbeitspunkt beibehält. Im Vergleich zu der Methodenbeschreibung in Kapitel 3 und den idealen Impedanzen des Generators als Leitungsabschluss in Abschnitt 4.1 und 4.2 variiert die Impedanz Z_S einer realen Fahrzeugkomponente in den Arbeitspunkten. Die Ergebnisse können daher variieren wenn andere Arbeitspunkte verwendet werden. Es ist zu erwarten, dass die anderen Arbeitspunkte in der Nähe der bestimmten Arbeitsgrade liegen, wie in Abbildung 4.29 dargestellt. Vorausgesetzt werden kann diese Annahme jedoch nicht für jeden Fall und jedes DUT.

Der Messaufbau ist in Abbildung 4.30 dargestellt. Das leistungselektronische DUT ist an der Ebene *E2* angeschlossen, der Leitungsabschluss an der Ebene *E1*, das Oszilloskop an den Ebenen *E3* und *E4*. Für die Versorgung des DUTs ist eine weitere LISN notwendig, um sowohl die Plus- als auch die Minusleitung anzuschließen. Das Triggersignal wird an dem PWM-Signal einer Phase am Mikrocontroller der

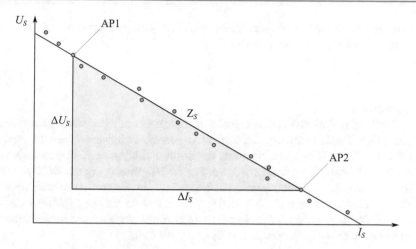

Abbildung 4.29 Zusammenhang von U_s, I_s und Z_s mit den Arbeitspunkten (AP), aus denen ΔU und ΔI berechnet werden sowie weiteren Arbeitspunkten

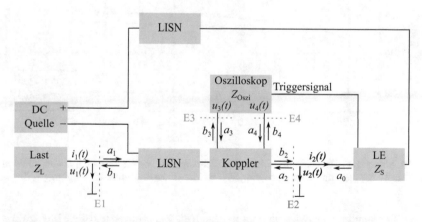

Abbildung 4.30 Messaufbau für die Charakterisierung der Netzwerkeigenschaften in CISPR 25 [16]. Messaufbau mit einer leistungselektronischen Störquelle (LE) als Generator, die durch eine Gleichstromquelle versorgt wird

Leistungselektronik abgegriffen. Dieses wird an einem zusätzlichen Oszilloskop-Anschluss mit der Eingangsimpedanz

$$Z_{Oszilloskop,3} = 1\,\text{M}\Omega \tag{4.7}$$

angeschlossen.

Die Direktivität der Koppelstrecke in dem Messaufbau wird in Abbildung 4.31 gezeigt. Die Direktivität nimmt im Vergleich zu der in Abbildung 4.17 aus Abschnitt 4.2 um 1 dB ab. Dies ist zu erwarten, da für die Kalibrierung Kalibrierstandards mit N-Verbindungen verwendet werden. Für die DC-Versorgung des DUT jedoch Laborstecker. Das bedeutet, dass im Kalibrierschritt ein zusätzlicher Adapter in den Signalpfad eingebracht und mit kalibriert wird. Dies führt zu einer größeren Unsicherheit der Kalibrierung. Allerdings ist kein großer Einfluss auf das Messergebnis zu erwarten, da die Verbindungen an Z_0 angepasst sind.

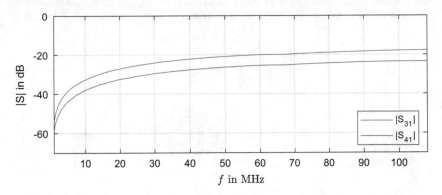

Abbildung 4.31 Transmissionsfaktor des Richtkopplers von *E1* zu *E3* S_{31} (blau) und von *E1* zu *E4* S_{41} (rot) im Messaufbau mit LISN und Leistungselektronik in Abbildung 4.30

Die Dämpfung des Messaufbaus ist, durch die Zuleitungen und die LISN, größer als die des Aufbaus in Abschnitt 4.2 (Vergleich Abbildung 4.3 zu Abbildung 4.32). Die Dämpfung beträgt von *E1* zu *E2* $a_I = 5,10$ dB bei 108 MHz und ist damit um 3,49dB größer als bei der Anordnung in Abschnitt 4.2.

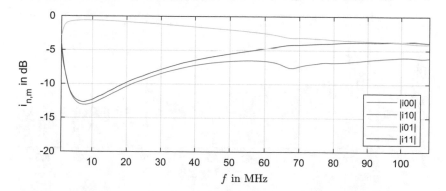

Abbildung 4.32 Streumatrix [I] des Richtkopplers zwischen *E1* und *E2* mit den Transmissionsfaktoren i_{01} (gelb) und i_{10} (rot) sowie den Reflexionsfaktoren i_{00} (blau) und i_{11} (violett) des Messaufbaus mit LISN und Leistungselektronik in Abbildung 4.30

4.3.2   Bestimmung der Leitungsgrößen

Die Leitungsgrößen werden, wie in den vorangegangenen Abschnitten, mit den Leitungsabschlüssen Kurzschluss S, Leerlauf O und Anpassung M bestimmt.

Transmission   Abbildung 4.33 zeigt die Anregung des Systems durch a_2. Abbildung 4.34 zeigt die transmittierte Welle bei Anpassung an *E1*. Die Dämpfung von a_2 zu b_1 entspricht dem Übertragungsverhalten von i_{10} aus Abbildung 4.32 mit einer Abweichung $< 1,5$ dB. Die Abweichung ist damit höher als bei der Transmission in den vorangegangenen Abschnitten 4.1 und 4.2.

Leitungsabschluss Anpassung   Bei einem angepassten Ausgang wird erwartet, dass die Reflexion a_1 am Leitungsabschluss minimal wird. Die Reflexion b_1 an *E1* entspricht dem Wert von a_1. In Abbildung 4.20 wird die auf den Abschluss einfallende Welle b_1 und in Abbildung 4.35 die Reflexion a_1 für die Werte bei Anpassung an *E1* gezeigt. Wie bei Anpassung mit dem Reflexionsfaktor $\Gamma_M = 0$ zu erwarten, ist die Reflexion gering. Die auf *E1* einfallende Welle wird bei allen betrachteten Frequenzen um mindestens 10 dB gedämpft. Bei höheren Frequenzen ist die Dämpfung nicht genau bestimmbar, da das gedämpfte Signal unter der Rauschgrenze liegt. Die Dämpfung ist um 15 dB geringer als bei dem Referenzmessaufbau in Abschnitt 4.1 und um 10 dB geringer als bei dem erweiterten Referenzmessaufbau in Abschnitt 4.2.

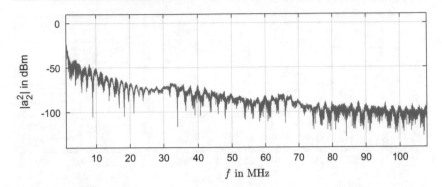

Abbildung 4.33 Über den Richtkoppler im CISPR 25 [16] Messaufbau an $E2$ bestimmte, auf den Richtkoppler einfallenden Welle a_2 bei Anpassung $Z_L = 50\ \Omega$ an $E1$ und unbekanntem Abschluss Z_S an $E2$

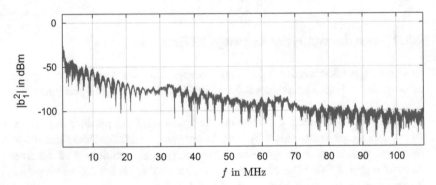

Abbildung 4.34 Über den Richtkoppler im CISPR 25 [16] Messaufbau an $E1$ bestimmte, auf den Abschluss einfallende Welle b_1 bei Anpassung $Z_L = 50\ \Omega$ an $E1$ und unbekanntem Abschluss Z_S an $E2$

Wenn die Reflexion am Leitungsende minimal wird, entspricht der für a_2 bestimmte Wert, bei einem reflexionsfreien Abschluss, der Quellleistung a_0. Da der Abschluss nicht perfekt reflexionsfrei ist, unterscheidet sich a_1 von a_0.

Leitungsabschluss Kurzschluss Bei einem Kurzschluss an $E1$ wird mit dem Reflexionsfaktor $\Gamma_S = -1$ eine Totalreflexion von b_1 erwartet. In Abbildung 4.36 wird die auf $E1$ einfallende Welle b_1 gezeigt, in Abbildung 4.37 die an $E1$ reflektierte Welle a_1 bei einem Kurzschluss an $E1$. Zu erwarten ist bei einem Reflexionsfaktor

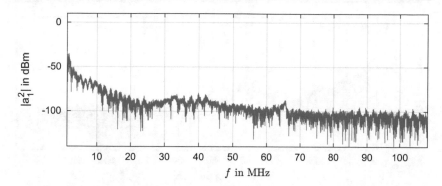

Abbildung 4.35 Über den Richtkoppler im CISPR 25 [16] Messaufbau an *E1* bestimmte, an dem Abschluss reflektierte Welle a_1 bei Anpassung $Z_L = 50\ \Omega$ an *E1* und bekanntem Abschluss $Z_s = 50\ \Omega$ an *E2*

$\Gamma_S = -1$ eine Totalreflexion. Die Messwerte stimmen mit den Erwartungswerten überein. Die Differenz zwischen der auf den Leitungsabschluss einfallenden Welle b_1 und der an dem Abschluss reflektierten Welle a_1 liegt über den betrachteten Frequenzbereich bei etwa 2 dB. Die Genauigkeit nimmt damit, im Vergleich zu den Ergebnissen aus Abschnitt 4.2, nicht ab.

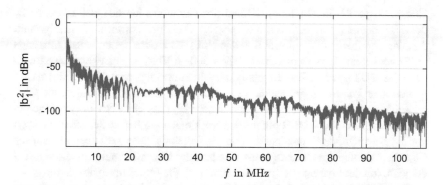

Abbildung 4.36 Über den Richtkoppler im CISPR 25 [16] Messaufbau an *E1* bestimmte, auf den Abschluss einfallende Welle b_1 bei einem Kurzschluss $Z_L = 0\ \Omega$ an *E1* und unbekanntem Abschluss Z_S an *E2*

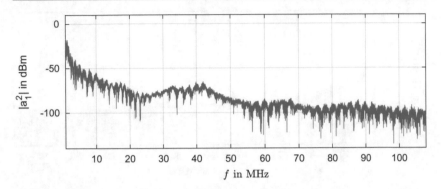

Abbildung 4.37 Über den Richtkoppler im CISPR 25 [16] Messaufbau an $E1$ bestimmte, auf den Abschluss einfallende Welle a_1 bei einem Kurzschluss $Z_L = 0\,\Omega$ an $E1$ und bekanntem Abschluss $Zs = 50\,\Omega$ an $E2$

4.3.3 Charakterisierung passiver und aktiver Leitungsabschlüsse

Mit den Leitungsgrößen kann eine ESQ, analog zu Abschnitt 4.1.3 und 4.2.3, charakterisiert werden.

Ersatzstörquelle In Abbildung 4.38 wird das Ergebnis für die Quellimpedanz Z_s des DUT, der an $E2$ angeschlossen ist, gezeigt. Das Ergebnis wird, wie in Abschnitt 3.1.3 beschrieben, mit den Lastzuständen eines Kurzschlusses und eines Leerlaufs an $E1$ gemessen. Zum Vergleich wird die mit dem VNA gemessene passive Impedanz des DUT gezeigt. Das Ergebnis der Messung folgt dem Verlauf des passiv gemessenen Wertes. Je größer die Impedanz wird, desto ungenauer ist die Charakterisierung der Impedanz. Ein Grund dafür ist, dass ein VNA in der Nähe der Bezugsimpedanz $Z_0 = 50\,\Omega$ die präzisesten Ergebnisse liefert. Je weiter ein Wert von Z_0 abweicht, desto ungenauer wird das Ergebnis. Dies trifft ebenfalls auf die Charakterisierung des Übertragungsverhaltens der Messanordnung zu, die verwendet wird, um die Leitungsgrößen und damit auch die Impedanzen abzuleiten.

In Abbildung 4.39 wird das Ergebnis für die Quellleistung a_0^2 gezeigt. Das Ergebnis wurde mit den Lastzuständen eines Kurzschlusses und eines Leerlaufs an $E1$ gemessen. In Abbildung 4.40 ist das Ergebnis für einen an $E1$ als Abschluss angeschlossenen Spektrumanalysators angegeben. Der Spektrumanalysator hat laut Datenblatt die Eingangsimpedanz $Z_{1,SA} = 50\,\Omega$. Für die Berechnung wurde nicht der Datenblattwert verwendet. Aus den Messwerten wird die Reflexion am Spektrumanalysator

$$\Gamma_{1,SA} = \frac{b_{1,SA}}{a_{1,SA}} \tag{4.8}$$

abgeleitet und daraus die Spektrumanalysatorinnenimpedanz

$$Z_{1,SA} = \frac{1 + \Gamma_{1,SA}}{1 - \Gamma_{1,SA}} \tag{4.9}$$

ermittelt.

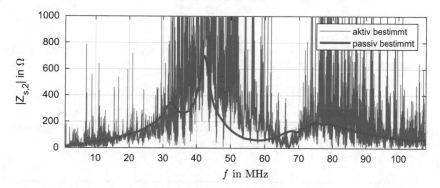

Abbildung 4.38 Über den Richtkoppler im CISPR 25 [16] Messaufbau mit zwei verschiedenen Lastzuständen an *E1* bestimmter aktiver Abschluss Z_s einer Leistungselektronik an *E2* (blau). Im Vergleich dazu mit einem VNA gemessenes Z_s im passiven Zustand (rot)

Dargestellt sind die, mit den Werten für a_0 aus Abbildung 4.39, bestimmten Werte für die auf *E1* einfallende Welle b_1. Zusätzlich wird der Wert für die Leistung an *E1*

$$P_1 = a_1^2 + b_1^2 \tag{4.10}$$

gezeigt. Wie bei Anpassung zu erwarten, ist a_1 relativ klein und die Werte für b_1 und P_1 stimmen gut überein. Außerdem wird in Abbildung 4.39 das Messergebnis, das mit dem Spektrumanalysator gemessen wurde, gezeigt. Dieses Messergebnis entspricht dem Messwert, der bei einer Komponentenprüfung zu leitungsgebundenen Störaussendungen nach [16] gemessen wird. Die Verläufe sind über einen weiten Frequenzbereich vergleichbar.

In Abbildung 4.41 sind die Verläufe für b_1 und P_1 aus Abbildung 4.40 für einen kleineren Frequenzbereich abgebildet. Hier wird der Unterschied deutlich, den der Beitrag von a_1 aus 4.10 zu P_1 hat. Da der Abschluss theoretisch Z_0 entspricht ist

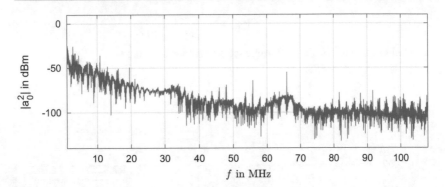

Abbildung 4.39 Über den Richtkoppler mit zwei verschiedenen Lastzuständen an *E1* bestimmten Quellleistung a_0^2 an *E2*

nur eine geringe Fehlanpassung zu erwarten und nur eine geringe Abweichung der Ergebnisse für b_1 und P_1. Für den beispielhaften Frequenzbereich, der in Abbildung 4.41 dargestellt ist, bestätigt sich diese Annahme.

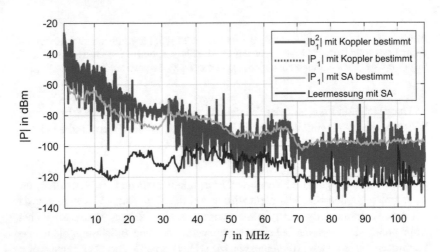

Abbildung 4.40 An *E1* bestimmte Leistungen. Über den Richtkoppler mit zwei verschiedenen Lastzuständen bestimmte Leistungen b_1^2 (blau) und $P_1 = b_1^2 + a_1^2$ (rot). Mit einem Spektrumanalysator gemessene Leistung P_1 im eingeschalteten Zustand (gelb) und das Rauschniveau der Leermessung (violett)

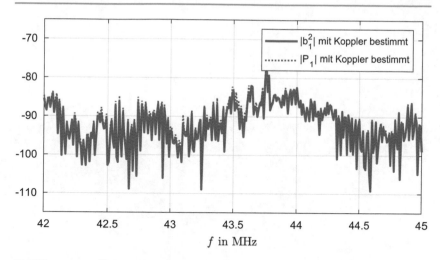

Abbildung 4.41 Über den Richtkoppler mit zwei verschiedenen Lastzuständen an $E1$ bestimmten Leistung b_1^2 (blau) und Leistung $P_1 = b_1^2 + a_1^2$ (rot) an $E1$. Für den Frequenzbereich 42 MHz bis 45 MHz

4.3.4   Zusammenfassung

Die Kalibriermessungen zeigen, dass durch den erweiterten Messaufbau die Direktivität und die Einfügedämpfung negativ beeinflusst werden. Da der Messaufbau längere und komplexere Übertragungswege beinhaltet, ist dies erwartbar. Die bestimmten Leitungsgrößen entsprechen den Erwartungen.

Mit dem Verfahren kann die ESQ-Impedanz Z_s charakterisiert werden. Allerdings mit einem starken Rauschen.

In Abgrenzung zu den vorangegangenen Kapiteln unterscheiden sich die bestimmten Leitungsgrößen für die verschiedenen verwendeten Leitungsabschlüsse weniger stark voneinander. Bei den vorherigen Messungen hat der Generator, der das DUT dargestellt hat, eine Innenimpedanz von $Z_{Generator} = 50\,\Omega$. Dadurch konnten mit den vorhandenen Kalibrierstandards die Extreme eines Kurzschlusses, Leerlaufs und Anpassung erzeugt werden. Dies ist für das leistungselektronische DUT nicht der Fall.

Diskussion und Ausblick 5

In Kapitel 3 wird ein Verfahren zur kontaktlosen ESQ-Charakterisierung für die Bewertung von leitungsgebundenen Störaussendungen vorgestellt. Zunächst wird die Methode theoretisch, ohne praktischen Bezug analysiert. In Kapitel 4 werden die praktische Durchführung und die Grenzen des Verfahrens untersucht und es wird gezeigt, dass das Verfahren den Erwartungen aus den vorangegangenen Kapiteln tatsächlich gerecht wird. Es können die Leitungsgrößen bestimmt und passive sowie aktive Leitungsabschlüsse charakterisiert werden. Im Folgenden sollen die Ergebnisse im Kontext bestehender Verfahren, die den Stand der Technik beziehungsweise den Stand der Wissenschaft darstellen, diskutiert werden. Daraus werden mögliche Verbesserungen und Weiterentwicklungen abgeleitet.

5.1 Diskussion

Es kann gezeigt werden, dass das Verfahren von der Theorie in die Praxis übertragen werden kann. In Abschnitt 2.2.3 wurden ebenfalls andere Ansätze, für die Bewertung leitungsgebundener Störaussendungen, vorgestellt. Um in den Entwicklungsprozess integriert zu werden, muss ein neues Verfahren Vorteile gegenüber diesen Ansätzen bieten.

Stand der Technik sind Hardware Tests nach CISPR 25 [16]. Dafür wird ein Tischaufbau mit DUT, Kabelbaum, LISN und DC-Versorgung verwendet. Die Störaussendungen werden bei diesem Vorgehen über den Messausgang der LISN zurück gemessen. Wie in Abschnitt 4.3 gezeigt, können mit diesem Verfahren deutlich genauere Ergebnisse erzielt werden. Dieser Ansatz ermöglicht jedoch nur die Beurteilung unter den Bedingungen des spezifischen Messaufbaus. Mit einem Messergebnis kann nicht auf die Störaussendungen unter anderen Bedingungen

T. Tumbrägel, *Kontaktlose EMV-Charakterisierung von Ersatzstörquellen*, AutoUni – Schriftenreihe 168, https://doi.org/10.1007/978-3-658-42557-9_5

zurückgeschlossen werden, zum Beispiel einen sich von einer LISN unterscheidenden Leitungsabschluss oder Veränderungen am DUT. Veränderungen am DUT können nur nach Veränderung des DUT selbst und einer Neumessung beurteilt werden. Dieses Vorgehen ist sehr zeitaufwendig und der Erfolg bei diesem Vorgehen ungewiss.

Für die Bestimmung des Störverhaltens unter veränderten Randbedingungen kann eine Simulationsumgebung genutzt werden. In diese wird eine ESQ eingefügt und mit verschiedenen Leitungsabschlüssen simuliert. Dieses Verfahren bietet den Vorteil, dass schon früh im Entwicklungsprozess eine Aussage über die Störcharakteristik gefällt werden kann. Mit dem Verfahren aus Kapitel 3 kann hingegen erst eine Aussage getroffen werden, sobald ein Prototyp des DUT vorhanden ist. Nachteilig ist bei der Nutzung der Simulationsumgebung jedoch, dass kein vollständiges Modell des DUT erzeugt werden kann. Zum einen ist es zeitaufwendig, ein genaues Verhaltensmodell mit allen parasitären Eigenschaften des DUT zu erzeugen. Zum anderen sind detaillierte Informationen über den Aufbau eines DUT nicht immer verfügbar. Das ist insbesondere der Fall, wenn andere Parteien an der Entwicklung beteiligt sind. Die Charakterisierung, die mit dem Verfahren aus Kapitel 3 durchgeführt wird, ist dagegen eine vollständige Black Box Charakterisierung, bei der dennoch keinerlei Informationen über den Aufbau eines DUTs bekannt sein müssen.

In [43] wurde eine kontaktlose Bestimmung der Leitungsgrößen gezeigt. Diese wurde dazu verwendet, die Leitungsgrößen zwischen einer Komponente und einem Abschluss zu bestimmen, allerdings auf passive Impedanzen beschränkt. Die Ansätze aus [43] wurden in dieser Arbeit genutzt und weiterentwickelt bis hin zur Möglichkeit, aktive DUTs zu charakterisieren.

Bei [20] wurde die Möglichkeit der Bestimmung der aktiven Impedanz über eine Änderung des Lastwiderstandes gezeigt. Dazu wurde ein Impedanznetzwerk in den Pfad zwischen DUT und DC-Versorgung eingefügt. Das Verfahren aus [20] liefert genauere Ergebnisse als in der vorliegenden Arbeit, da die Messung nicht über kontaktlose Kopplung erfolgt. Bei diesem Ansatz wird allerdings aktiv in das System eingegriffen, wodurch es zwangsläufig zu einer Rückwirkung des Messsystems auf die Messergebnisse kommt. Des Weiteren muss die geänderte Last im Vorfeld charakterisiert werden. Dadurch entsteht weitere Ungenauigkeit, da nicht ideales Verhalten im Messaufbau, das zum Beispiel durch geänderte Anschlüsse erst im Messsystem auftaucht, nicht berücksichtigt wird. Das hier vorgestellte Messverfahren nutzt den Vorteil, dass die geänderte Impedanz nicht bekannt sein muss.

Für die Optimierung des Messverfahrens gibt es verschiedene Ansätze, an denen in Zukunft weitergearbeitet werden soll.

5.2   Ausblick

Es wurde gezeigt, dass das Verfahren aus Kapitel 3 in der Praxis angewendet werden kann und Vorteile sowie Nachteile gegenüber anderen Messverfahren aufweist. Die Nachteile erschweren die Integration in bestehende Entwicklungsprozesse. Daher muss in Zukunft der Frage nach Optimierungsmöglichkeiten nachgegangen werden, zum Beispiel mit folgenden Ansätzen.

Ein Ansatzpunkt ist die Kalibrierung des Messaufbaus. Der Messaufbau wird vor der Messung der Störgrößen kalibriert, um das Übertragungsverhalten des Richtkopplers und der Leitung zu bestimmen. Dieses Übertragungsverhalten ist empfindlich gegen Veränderungen des Messaufbaus, wie zum Beispiel eine Veränderung der Leitungsverlegung. Für möglichst genaue Messungen ist eine Kalibrierung, die das Übertragungsverhalten der Anordnung während der Messung der Störgrößen möglichst genau angibt, wichtig. Eine Änderung zwischen der Kalibrierung und der Messung der Störgrößen ergibt sich durch die unterschiedlichen Anschlüsse der Kalibrierstandards und des DUT. In der Regel wird ein DUT über Laborleitungen betrieben. Kalibrierstandards sind mit koaxialen Anschlüssen, zum Beispiel N oder SMA, ausgeführt. Das erfordert den Einsatz von Adaptern, die zwar in der Kalibrierung, jedoch nicht bei der Messung der Störgrößen vorhanden sind. Dieser Umstand hat in den Ergebnissen in Kapitel 4 nicht zu größeren Abweichungen geführt. Eine Verbesserung sollte dennoch mit auf die Messaufgabe angepassten Kalibrierstandards erreicht werden.

Eine weitere Optimierung der Kalibrierung des Messaufbaus kann hier mit einer Fixierung der Bestandteile des Messaufbaus erreicht werden. Dafür können Teile des Messaufbaus, zum Beispiel die Richtkoppleranordnung mit der Versorgungsleitung, eingehaust werden. Denkbar wäre für die Zukunft auch eine fixierte Anordnung, deren Übertragungsverhalten einmal bestimmt wird und für Messungen über einen längeren Zeitraum nicht gesondert kalibriert werden muss. Dies würde zudem den Vorteil bieten, dass nicht für jede Messaufgabe ein VNA zu Verfügung stehen muss. Diese Geräte sind vergleichsweise teuer und stehen nicht in jedem Entwicklungslabor zur Verfügung.

Die Problematik, dass in vielen Entwicklungslaboren kein VNA vorhanden ist, stellt praktisch eine große Einschränkung für den Einsatz der Methode dar. Eine weitere Lösung ist es, eine Kalibrierung ohne VNA durchzuführen. Dafür kann eine Zeitbereichsmessung verwendet werden. Dazu muss das Netzwerk mit verschiedenen Frequenzen angeregt werden und die Werte mit einem Oszilloskop zurück gemessen werden. Diese Messung muss in den Frequenzbereich transformiert werden. Dieses Vorgehen wäre vergleichsweise aufwendig, kann jedoch ohne VNA auskommen.

Ein limitierender Faktor des Messverfahrens ist das Rauschen, beziehungsweise der erzielbare Dynamikbereich. Wie die Messergebnisse in Abschnitt 4.3 gezeigt haben, befindet sich der am Oszilloskop gemessene Signalpegel nahe dem Rauschniveau des Oszilloskops, insbesondere hin zu höheren Frequenzen. Eine Möglichkeit zur Verbesserung des SNR ist eine Veränderung des Richtkopplers. In dieser Arbeit wird ein Richtkoppler aus einem Ferritkern mit einer Wicklung verwendet, die Wicklung besteht aus einem koaxialen Leiter, sodass dessen Innenleiter induktiv koppelt. Zusätzlich ist der Außenleiter mittig aufgetrennt und an den Anschlüssen auf den Innenleiter aufgelegt, sodass der Außenleiter kapazitiv koppelt. Dieser Richtkoppler hat für die Messaufgaben ausreichend gut funktioniert. Allerdings wurde im Rahmen dieser Arbeit kein gesonderter Fokus auf die Optimierung der Richtkoppleranordnung gelegt. Daher sollten in Zukunft weitere Untersuchungen zu der Optimierung des Richtkopplers durchgeführt werden. Dafür gibt es mehrere Ansatzpunkte. Durch eine stärkere Kopplung kann ein höherer Signalpegel und ein größeres SNR erreicht werden. Allerdings muss bei der Wahl des Kernmaterials beachtet werden, dass Sättigungseffekte oder allgemein nichtlineares Verhalten des magnetischen Materials nicht auftreten dürfen, da sonst das bei der Kalibrierung bestimmte Übertragungsverhalten verändert wird. Die Kopplung kann zudem durch eine Erhöhung der Windungszahl erhöht werden. Wie bei einem Transformator erhöht sich damit das Übersetzungsverhältnis von der Leitung über den Kern zu den Anschlüssen, die zum Oszilloskop führen. Außerdem können die kapazitive und induktive Kopplung über eine Änderung der für die Wicklung verwendeten Koaxialleitung beeinflusst werden. Eine weitere Möglichkeit ist ein zusätzlicher Messabgriff. Durch einen dritten Messabgriff am Richtkoppler kann beispielsweise eine dritte Messgröße verwendet werden, um Ungenauigkeiten zu reduzieren. Ein Richtkoppler ist nicht für alle Frequenzen gleich gut ausgelegt, da dass Übertragungsverhalten auch von der Länge des Richtkopplers abhängt. Durch die Erweiterung um eine zweite Koppelstrecke anderer Länge kann eine Optimierung des Koppel-Frequenzverhaltens erfolgen. In dieser Arbeit wurde zudem ein Richtkoppler für einen breiten Frequenzbereich verwendet. Bessere Ergebnisse können erzielt werden, wenn Richtkoppler, die für schmalere Frequenzbänder optimiert sind, eingesetzt werden.

Eine weitere Möglichkeit für ein verbessertes SNR ist eine höhere Signalstärke am Oszilloskop. Im Rahmen dieser Arbeit wird die aus dem Richtkoppler ausgekoppelte Leistung direkt am Oszilloskop gemessen. Wie in Abschnitt 4.3 gezeigt wurde, liegt das gemessene Signal nur wenig über dem Eigenrauschen des Oszilloskops. Ein stärker auskoppelnder Richtkoppler würde dies realisieren, allerdings mit einer höheren Rückwirkung. Wünschenswert wäre eine Erhöhung der ausgekoppelten Leistung ohne die Rückwirkung auf das Messsystem. Dafür können Verstärker verwendet werden. Die Verstärker können an den Anschlüssen des Richtkopplers, die zum Oszilloskop auskoppeln, angebracht werden und bereits bei der Kalibrierung, als Teil des Signalpfades, berücksichtigt werden.

Neben der aufgeführten Optimierung bei der praktischen Umsetzung muss die Verwertbarkeit der Ergebnisse allgemeingültiger werden. Um eine Aussage über das Verhalten eines DUT zu treffen, muss es vollständig als Black Box bestimmt werden. Bisher wurde das Verfahren lediglich für die Bestimmung der ESQ an einer Leitung durchgeführt. Bei einer Fahrzeugkomponente muss eine Thévenin- oder Norton ESQ für ein Dreileitersystem mit Plusleitung, Minusleitung und Bezugsmasse ermittelt werden. Bei der Bestimmung eines komplexeren Systems ist zu erwarten, dass sich die Fehler, die durch nicht ideales Verhalten der Bestandteile des Messaufbaus auftreten, vergrößern. Daher muss untersucht werden, ob das Verfahren auf die Charakterisierung eines Mehrleitersystem angewendet werden kann.

In Kapitel 4 wurde ein ESQ bestimmt und die Störaussendungen an einem Leitungsabschluss, der unterschiedlich zu denen bei der Messung ist. Damit wurde das Messverfahren nur für die CISPR 25 Messumgebung analysiert. Es stellt sich die Frage nach dem Verhalten im Kfz-Zielsystem. Um dieses Verhalten abzuschätzen muss untersucht werden, wie sich die Störaussendungen für verschiedene Abschlüsse, die an den Ausgängen der ESQ angeschlossen werden, verhalten. Neben einer Aussage über das Verhalten eines DUTs in einer bestehenden Netztopologie kann dann eine Aussage über andere Bordnetzkonfigurationen getroffen werden. Damit kann unter anderem ein aus EMV-Sicht möglichst risikobehafteter Fall, der "worst case", bestimmt und mögliche Abhilfemaßnahmen getroffen werden.

Die in einer Simulation enthaltenen Aussagen müssen zudem mit dem praktischen DUT-Verhalten abgeglichen werden. In dieser Arbeit wurde ein Tischaufbau, der an die Vorgaben der CISPR 25 [16] zur Beurteilung leitungsgebundener Störaussendungen angelehnt ist, untersucht. Dieses Verfahren wurde nicht in einer Fahrzeugmessung verwendet und es wurde nicht bestimmt, wie stabil das Verfahren in dieser Umgebung angewendet werden kann. Im Gegensatz zu einem Tischaufbau gibt es bei einer Fahrzeugmessung deutlich mehr Komponenten, die die Messung beeinflussen können. Daher muss die Weiterentwicklung des Verfahrens Fahrzeugmessungen beinhalten, die diesen Anwendungsfall überprüfen. Dazu kann der Richtkoppler zum Beispiel um die Versorgungsleitung einer Komponente gelegt und zunächst das Übertragungsverhalten bestimmt werden. Dafür müssen Kalibrierstandards und VNA Anschlüsse an den entsprechenden Leitungsenden realisierbar sein. Ein solcher Aufbau birgt in seinen Abmessungen Herausforderungen, die in Zukunft gelöst werden müssen.

Zusammenfassung

In dieser Arbeit wurde ein Verfahren zur Charakterisierung der leitungsgebundenen Störaussendungen von leistungselektronischen Fahrzeugkomponenten vorgestellt. Bei der Entwicklung von Fahrzeugkomponenten werden entwicklungsbegleitend und am Ende des Entwicklungszeitraumes Hardware-Tests nach CISPR 25 [16] durchgeführt. Damit wird die EMV der Komponente und nach der Integration die EMV des Gesamtfahrzeuges sichergestellt. Die Komponententests erfolgen in einer genormten Prüfumgebung, die standardisierte industrieübergreifende Prüfungen gewährleistet. Ein Risiko entsteht dadurch, dass die Prüfumgebung nicht die Zielumgebung der Komponente im Fahrzeug abbildet. Durch veränderte Randbedingungen, wie beispielsweise abweichenden Leitungslängen oder einem veränderten Massebezug, verändert sich die Störcharakteristik einer Komponente im Fahrzeug. Herausfordernd wird dieser Umstand, wenn dadurch unzulässige Unverträglichkeiten entstehen, die erst zum Zeitpunkt der Integration in das Fahrzeug auftreten. Zum Zeitpunkt der Integration in das Gesamtfahrzeug ist es deutlich zeit- und kostenaufwendiger, Designänderungen vorzunehmen, als zu früheren Zeitpunkten. In Wissenschaft und Technik gibt es unterschiedliche Ansätze, die sich dieser Herausforderung annehmen. Ein Ansatz ist die Charakterisierung des Störverhaltens mittels einer ESQ. Eine ESQ kann in eine Simulationsumgebung eingebunden und so die Auswirkungen einer veränderten Umgebung auf die Störcharakteristik simuliert werden. Das hier vorgestellte Verfahren bietet einen Ansatz, bei dem eine Komponente messtechnisch charakterisiert wird. Eine messtechnische Charakterisierung ermöglicht, im Gegensatz zu einem simulierten Modell der ESQ, die Berücksichtigung des nicht idealen Verhaltens der Komponente in dem ESQ-Modell. Die Messung erfolgt kontaktlos, mit einer geringen Rückwirkung auf die Störcharakteristik, da nicht in die Komponente eingegriffen werden muss, um einen Messabgriff zu ermöglichen. Die dennoch vorhandene Rückwirkung wird, durch eine vorherige Kalibrierung des Messaufbaus, in der Messdatenauswertung berücksichtigt.

© Der/die Autor(en), exklusiv lizenziert an Springer Fachmedien Wiesbaden GmbH, 121 ein Teil von Springer Nature 2023
T. Tumbrägel, *Kontaktlose EMV-Charakterisierung von Ersatzstörquellen*,
AutoUni – Schriftenreihe 168, https://doi.org/10.1007/978-3-658-42557-9_6

In Kapitel 2 wurde die Motivation und die Theorie, die für die Arbeit grundlegend sind, eingeführt. In Abschnitt 2.1 wurden die Berücksichtigung der EMV und der Stand der Technik des Fahrzeugentwicklungsprozesses beschrieben, um die Integration des entwickelten Verfahrens in die aktuelle Forschungs- und Entwicklungslandschaft einzuordnen. Im Folgenden wurden die Herausforderungen, die sich aus diesem Status Quo ableiten, herausgearbeitet. Hervorzuheben ist dabei, dass der aktuelle Fahrzeugentwicklungsprozess stark auf Messungen an Prototypen basiert. Diese Herangehensweise ist zeit- und kostenaufwendig. Mit der Elektrifizierung des Antriebsstranges steigt die Anzahl der elektrischen Komponenten und damit der Einfluss auf die Gesamtentwicklungskosten, die eine ineffiziente Herangehensweise bei EMV-Fragestellungen hat. Mit einer ESQ kann das Störverhalten eines DUT in eine Simulation eingebracht und der Einfluss verschiedener Randbedingungen auf das Störverhalten frühzeitig bewertet werden. Motiviert aus den Herausforderungen des Fahrzeugentwicklungsprozesses wird der Stand der Wissenschaft, zur Bestimmung von ESQn, in Abschnitt 2.2 vorgestellt. Eine Zusammenfassung der in der Literatur vorhandenen Ansätze für die Gewinnung der ESQ-Darstellung eines DUT sowie die Punkte, in denen das vorgestellte Verfahren einen Vorteil gegenüber den bestehenden Möglichkeiten bietet, folgen darauf. Zusammenfassend gehören zu den gängigen Ansätzen das Nachstellen der DUT-Störcharakteristik in einer Simulationsumgebung und die messtechnische Bestimmung der Störungen.

Das in dieser Arbeit vorgestellte Verfahren bietet, im Vergleich zu einer simulierten Modellbildung, den Vorteil, dass es nicht ideales Verhalten von Komponenten abbildet. Im Vergleich zu anderen messtechnischen Verfahren hat die Messung zudem eine geringe Rückwirkung auf das Messsystem. Für die Charakterisierung eines DUT wird die Ausbreitung von Wellen auf Leitungen bestimmt. Daher muss, für die Auslegung des Verfahrens mit dem eine ESQ charakterisiert wird, verstanden werden, wie sich leitungsgebundene Störaussendungen in Netzwerken ausbreiten. In Abschnitt 2.3 werden daher die Grundlagen der Wellenausbreitung auf Leitungen eingeführt. Weiter werden, da das Verfahren auf die Charakterisierung leistungselektronischer Komponenten angewendet wird, die speziellen Eigenschaften von Wellen, die von leistungselektronischen DUTs ausgehen, erläutert.

In Kapitel 3 wurde das entwickelte Messverfahren zur kontaktlosen Charakterisierung von ESQen vorgestellt. Zunächst wurde in Abschnitt 3.1 die Theorie des Messverfahrens beschrieben. Um ein Verständnis für die Funktionsweise des Verfahrens zu entwickeln, werden die Gleichungen, die eine ESQ-Charakterisierung ermöglichen, eingeführt. Mathematische Zusammenhänge zwischen den gemessenen Größen und der Ausbreitung der Wellen im Messsystem werden erläutert und gezeigt wie diese, über eine Kalibrierung des Messaufbaus, miteinander verknüpft sind. Diese Zusammenhänge bauen auf die in Abschnitt 2.3 eingeführte Ausbreitung von leitungsgebundenen Störungen auf. Für die Bestimmung einer ESQ muss ein DUT unter verschiedenen Lastzuständen gemessen werden. Daher wird beschrieben, wie aus der Bestimmung der Wellengrößen zweier Lastzustände die ESQ eines DUT abgeleitet wird. Um die Übertragung der Theorie in die Praxis zu analysieren, werden in Abschnitt 3.2 die einzelnen Bestandteile des Messaufbaus, mit den jeweiligen Einflussgrößen auf die Qualität der Messergebnisse, erläutert. Dazu gehört der Richtkoppler, durch den das für den DUT-Betrieb relevante Netzwerk kontaktlos mit den Messgeräten verbunden wird. Daraufhin werden die Grenzen der Messgeräte beschrieben. Dazu gehören ein VNA, mit dem die Kalibrierung des Messaufbaus im Frequenzbereich durchgeführt wird, und ein Oszilloskop, mit dem die Messwerte im Zeitbereich aufgenommen werden. Größter Einflussfaktor bei allen Bestandteilen ist der Einfluss auf die Messdynamik des Messverfahrens. Diese limitiert die Grenzen für zuverlässige Ergebnisse. In Abschnitt 3.3 werden die zuvor ermittelten Einflussgrößen messtechnisch überprüft. Damit wird wiederum das reale Verhalten der Einflussgrößen und die Grenzen die speziell für den in dieser Arbeit verwendeten Messaufbau gelten, abgeleitet. Die Ergebnisse werden in Kapitel 4 im Bezug auf die Einflussgrößen bewertet. Dazu wird das Übertragungsverhalten des Richtkopplers analysiert. Des Weiteren wird die Genauigkeit der Frequenzbereichsmessung, die ausschlaggebend ist für die Genauigkeit der Kalibrierung, untersucht. Abschließend wird das Rauschen sowie die Entwicklung des Rauschniveaus durch die Verfahrensschritte erläutert und analysiert. Die Entwicklung wird mit den Eigenschaften des Richtkopplers und der Frequenzbereichsmessung verknüpft. Die Eigenschaften des Rauschens bestimmen, in welchen Grenzen Signale zuverlässig gemessen werden können.

In Kapitel 4 wurde das Messverfahren auf verschiedene Messanordnungen angewendet. Als erstes wird in Abschnitt 4.1 ein Referenzmessaufbau eingeführt mit dem Veränderungen, die für den Betrieb einer leistungselektronischen Komponente nötig sind, beurteilt werden können. Des Weiteren kann mit dem Referenzmessaufbau eine bestmögliche Messdynamik erreicht werden. Im ersten Schritt wird in Abschnitt 3.3 ein vereinfachter Messaufbau verwendet, auf den das Messverfahren aus Abschnitt 3.1 angewendet wird. Dazu wird ein Generator als Quelle mit bekannten Eigenschaften verwendet. Als Leitungsabschluss am anderen Leitungsende werden Kalibrierstandards mit ebenfalls bekannten Werten verwendet. Durch die Anschlussleitungen verändern sich die Übertragungseigenschaften gegenüber der Betrachtung der Richtkopplereigenschaften in Abschnitt 3.3. Der Messaufbau wird mit dem Generator angeregt und in Abschnitt 4.1.2 die Leitungsgrößen bestimmt. Diese verhalten sich, entsprechend der Leitungstheorie aus Abschnitt 2.3.1 und dem ermittelten Übertragungsverhalten der Anordnung, gemäß den Erwartungen. Wie mit den genau berechneten Leitungsgrößen zu erwarten, können auch die

Leitungsabschlüsse mit geringen Abweichungen von den Erwartungswerten charakterisiert werden. Das gilt zum einen für die passiven Abschlüsse, die durch Kalibrierstandards realisiert werden und zum anderen den Innenwiderstand des Generators. In Abschnitt 4.2 wird der Messaufbau um LISN ergänzt, um das Verfahren in den Normmessaufbau nach [16] zu integrieren. Durch den damit veränderten und verlängerten Übertragungsweg erhöht sich die Dämpfung entlang des Übertragungsweges von Quelle zu Leitungsabschluss. Die erhöhte Leitungsdämpfung verringert die Signalstärke entlang der Leitung. Dadurch wird der Fehler, mit dem die Leitungsgrößen in Abschnitt 4.2.2 gemessen werden, ebenfalls geringfügig größer. Dies setzt sich in der Charakterisierung der aktiven und passiven Abschlüsse in Abschnitt 4.2.3 fort. Mit der Erweiterung um LISN ist die Voraussetzung geschaffen, mit der in Abschnitt 4.3 eine leistungselektronische Komponente in den Messaufbau integriert werden kann. Dazu wird der zuvor als Quelle verwendete Generator in Abschnitt 4.3.1 durch eine leistungselektronische Komponente mit unbekannten Eigenschaften ersetzt. Durch den, um Anschlussleitungen und eine weitere LISN, erweiterten Messaufbau wird die Dämpfung entlang der Übertragungsstrecke weiter erhöht. Die Leitungsgrößen weisen eine stark verringerte Signalstärke gegenüber den Messungen mit dem Generator auf. Allerdings können trotzdem Signale, die größer als das Rauschen sind, gemessen werden. Das verschlechterte Übertragungsverhalten und die geringe Signalstärke vergrößern jedoch den Messfehler. Das aus den vorherigen Messungen zu erwartende Verhalten der Leitungsgrößen zueinander kann dennoch beobachtet werden. Mit dem Messverfahren wird die Quellleistung und die Leistung am Leitungsende gemessen. Zudem wird diese mit einem Spektrumanalysator bestimmt. Der Vergleich der beiden Messgrößen zeigt einen ähnlichen Verlauf. Damit kann das Verfahren mit einer CISPR 25 Messung verglichen werden. Die Ergebnisse zeigen einen ähnlichen Verlauf, wobei die Messung entsprechend CISPR 25 [16] genauer ist.

In Kapitel 5 wird das in dieser Arbeit eingeführte Verfahren diskutiert. Um aufzuzeigen, welche Vorteile dieses gegenüber anderen Ansätzen liefert, wird es mit den Lösungsansätzen, die in Abschnitt 2.2.3 vorgestellt wurden, verglichen. Gegenüber dem etablierten Vorgehen, Hardware-Tests nach CISPR 25 durchzuführen, bietet das Verfahren eine geringere Genauigkeit. Jedoch kann ein Modell erzeugt werden, das in eine Simulationsumgebung überführt werden kann. Dadurch wird eine Bewertung der Störaussendungen unter verschiedenen Randbedingungen, wie Leitungsabschlüssen oder Leitungstopologie, ermöglicht. Gegenüber anderen Ansätzen zur ESQ-Charakterisierung, welche in Abschnitt 2.2.3 diskutiert wurden, zeigt es den Vorteil, durch die kontaktlose Messung besonders rückwirkungsarm zu sein. Zusätzlich bietet die kontaktlose Messung die Möglichkeit einer Messung im Zielsystem, hier insbesondere im Fahrzeug.

Literaturverzeichnis

[1] R&S® ZNB/ZNBT Vector Network Analyzers User Manual, 2021.

[2] WaveRunner 9000 and WaveRunner 8000-R Oscilloscopes Operator's Manual, 2021.

[3] Hemant Bishnoi, Paolo Mattavelli, Rolando Burgos, and Dushan Boroyevich. EMI Behavioral Models of DC-Fed Three-Phase Motor Drive Systems. *IEEE Transactions on Power Electronics*, 29(9):4633–4645, 2014.

[4] Ilja N. Bronstein, Konstantin A. Semendjaev, Gerhard Musiol, and Heiner Mühlig. *Taschenbuch der Mathematik*. Deutsch, Frankfurt am Main, 8., vollst. überarb. aufl. edition, 2012.

[5] Bundesministeriums der Justiz und für Verbraucherschutz. Gesetz über die elektromagnetische Verträglichkeit von Betriebsmitteln (Elektromagnetische-Verträglichkeit-Gesetz -EMVG), 2016.

[6] Dierk Schröder and Joachim Böcker. *Elektrische Antriebe – Regelung von Antriebssystemen*. Springer eBook Collection. Springer Vieweg, 5. auflage edition, 2021.

[7] Europäischen Union. Verordnung (EU) 2018/858: VO 2018/858, 2018.

[8] Fair-Rite. Round Cable Snap-Its (0431176451), 2022.

[9] Joachim Franz. *EMV: Störungssicherer Aufbau elektronischer Schaltungen*. Studium. Vieweg + Teubner, Wiesbaden, 4., erw. und überarb. aufl. edition, 2011.

[10] Heinrich Frohne. *Grundlagen der elektrischen Meßtechnik*. Leitfaden der Elektrotechnik Bd. 4. Teubner, 1984.

[11] Gregor Gronau. *Höchstfrequenztechnik*. Springer Berlin Heidelberg, Berlin, Heidelberg, 2001.

[12] Philipp Hillenbrand. *Simulation der Störemissionen von Traktionsinvertern im Komponententest nach CISPR 25*. Dissertation, Universität Stuttgart, Göttingen, 01.01.2019.

[13] Philipp Hillenbrand, Hermann Aichele, Christoph Keller, and Peter Kralicek. Generation of Terminal Equivalent Circuits Applied to a DC Brush Motor. In *2019 International Symposium on Electromagnetic Compatibility*, pages 48–53. 2019.

[14] Masahiko Hosoya. The Simplest Equivalent Circuit of a Multi-Terminal Network. *Bulletin of the College of Science.University of the Ryukyus*, 2000.

[15] Internationales Sonderkomitee für Funkstörungen. *CISPR 16:2015: Specification for radio disturbance and immunity measuring apparatus and methods*, volume 16 of *CISPR publication*. Commission Électrotechnique Internationale, Genève, 2015.

© Der/die Herausgeber bzw. der/die Autor(en), exklusiv lizenziert an Springer Fachmedien Wiesbaden GmbH, ein Teil von Springer Nature 2023
T. Tumbrägel, *Kontaktlose EMV-Charakterisierung von Ersatzstörquellen*, AutoUni – Schriftenreihe 168, https://doi.org/10.1007/978-3-658-42557-9

[16] Internationales Sonderkomitee für Funkstörungen. *CISPR 25:2016: Vehicles, boats and internal combustion engines – Radio disturbance characteristics – Limits and methods of measurement for the protection of on-board receivers*, volume 25 of *CISPR publication*. Commission Électrotechnique Internationale, Genève, 4 edition, 2016.

[17] Axel Junge. *Kontaktlose Verfahren zur breitbandigen Messung an Leitungen bei Hochfrequenz*. Dissertation, Technische Universität Braunschweig, Braunschweig, 2009.

[18] Bernd Körber. *Entwicklung einer Methode zur effektiven Störeinkopplung in Leitungen hinein (Rohrkoppler)*. Dissertation, Technische Universität Dresden, Dresden, 01.01.2006.

[19] Karl Küpfmüller and Gerhard Kohn. *Einführung in die theoretische Elektrotechnik*. Springer Berlin Heidelberg, Berlin, Heidelberg, 13., verbesserte auflage edition, 1990.

[20] Qian Liu, Fei Wang, and Dushan Boroyevich. Modular-Terminal-Behavioral (MTB) Model for Characterizing Switching Module Conducted EMI Generation in Converter Systems. *IEEE Transactions on Power Electronics*, 21(6):1804–1814, 2006.

[21] Hans Heinrich Meinke, Friedrich Wilhelm Gundlach, and Klaus Lange. *Taschenbuch der Hochfrequenztechnik*. Springer, 4., völlig neubearb. aufl., studienausg edition, 1986.

[22] Marcel Messer. *Aufbau eines hybriden Simulationsmodells zur Vorhersage von Magnetfeldern im Gesamtfahrzeug*. Dissertation, Technische Universität Braunschweig, Braunschweig, 2022.

[23] Martin Meyer. *Signalverarbeitung Analoge und digitale Signale, Systeme und Filter*. Studium Technik. Friedr. Vieweg & Sohn Verlag / GWV Fachverlage GmbH, Wiesbaden, 4., überarbeitete und aktualisierte auflage edition, 2006.

[24] Hans-Jürgen Michel. *Zweitor-Analyse mit Leistungswellen mit zahlreichen Anwendungsbeispielen*. Teubner-Studienbücher: Elektrotechnik. Teubner, 1981.

[25] David M. Pozar. *Microwave engineering*. Wiley, Hoboken, 4 edition, 2012.

[26] Heinz Rebholz. *Modellierung leitungsgebundener Störgrößen in der Komponenten- und Fahrzeugmessung*. Dissertation, Universität Stuttgart, Stuttgart, 01.01.2010.

[27] Michael 1957 Reisch. *Elektronische Bauelemente Funktion, Grundschaltungen, Modellierung mit SPICE*. Springer, 1998.

[28] Martin Reuter. *Einfluss der Netzimpedanz von Hochvolt-Systemen auf Entstörkonzepte im Traktionsnetz von Elektrofahrzeugen*. Dissertation, Universität Stuttgart, Stuttgart, 01.01.2015.

[29] Alastair R. Ruddle and Anthony J. M. Martin. Adapting automotive EMC to meet the needs of the 21st century. *IEEE Electromagnetic Compatibility Magazine*, 8(3):75–85, 2019.

[30] Burkhard Schiek. *Grundlagen der Hochfrequenz-Messtechnik*. Springer, 1999.

[31] Adolf J. Schwab and Wolfgang Kürner. *Elektromagnetische Verträglichkeit*. Springer, Berlin and Heidelberg and New York, NY, 5., aktualisierte und erg. aufl. edition, 2007.

[32] Schwarzbeck. Single path vehicle AMN (LISN) NNBM 8124, 2019.

[33] Joachim Specovius. *Grundkurs Leistungselektronik*. Springer Fachmedien Wiesbaden, Wiesbaden, 2020.

[34] The MathWorks Inc. Matlab, 2018.

[35] Teresa Tumbrägel and Hanno Rabe. Application of a Calibration Procedure for EMC Analysis with an Open Directional Coupler: 2021 IEEE International Joint EMC/SI/PI and EMC Europe Symposium. 2021.

[36] Teresa Tumbrägel, Benjamin Willmann, and Hanno Rabe. Black Box Approach to Active Impedance Characterization of Automotive Components: 2020 International Symposium on Electromagnetic Compatibility – EMC EUROPE. 2020.

[37] Hans-Georg Unger. *Elektromagnetische Wellen auf Leitungen*. ELTEX. Studientexte Elektronik. Hüthig, Heidelberg, 2. aufl. edition, 1986.

[38] United Nations. UN Regulation No. 10 – Electromagnetic compatibility: UN ECE R10.

[39] Shin Yamamoto and O. Ozeki. RF Conducted noise measurements of automotive electrical and electronic devices using artificial network. *IEEE Transactions on Vehicular Technology*, 32(4):247–253, 1983.

[40] Christian Zietz. Zeitbereichsmessverfahren mit Kalibrierung im Frequenzbereich (WO/2015/117634), 18.12.2014.

[41] Christian Zietz. Verfahren zur Kalibrierung eines Messaufbaus (WO/2015/028139), 25.08.2014.

[42] Christian Zietz, Gunnar Armbrecht, Thomas Schmid, Bernd Geck, and Michael Wollitzer. Messverfahren zur Bestimmung der EMV-relevanten Störanteile in Hochvolt-Bordnetzen von Kraftfahrzeugen. 2014.

[43] Christian Zietz, Gunnar Armbrecht, Thomas Schmid, Michael Wollitzer, and Bernd Geck. A General Calibration Procedure for Measuring RF Voltages and Currents Applied to the EMC Analysis of Automotive High-Voltage Power Networks. *IEEE Transactions on Electromagnetic Compatibility*, 57(5):915–925, 2015.

Printed in the United States
by Baker & Taylor Publisher Services